全国高职高专机械设计制造类工学结合"十二五"规划系列教材

丛书顾问　陈吉红

计算机绘图实例教程

主　编　侯玉荣　顾吉仁　韩变枝

副主编　张　焕　赵习玮　陈隆波

华中科技大学出版社

中国·武汉

内 容 简 介

本书采用项目教学法,主要介绍使用 AutoCAD 2010 绘制机械图形的基本思路和方法。全书共分十个项目,主要内容包括 AutoCAD 2010 基本知识和操作、二维图形的绘制及编辑、文字书写及尺寸标注、零件图及装配图的绘制方法和技巧、三维实体模型的创建、图形输出、制图员国家职业资格标准及考试模拟题等。

本书首先介绍 AutoCAD 的基本知识,然后通过典型实例介绍 AutoCAD 各个知识点的综合应用及使用 AutoCAD 绘制机械图形的步骤和技巧。每个项目后均配有思考题与上机操作习题,重点培养学生的 AutoCAD 绘图技能,提高学生解决实际问题的能力,具有较强的实用性。

本书可作为高职高专院校和计算机培训机构相关专业的教材,亦可供从事机械专业设计的工程技术人员参考。

图书在版编目(CIP)数据

计算机绘图实例教程/侯玉荣　顾吉仁　韩变枝　主编.—武汉:华中科技大学出版社,2012.5

ISBN 978-7-5609-7835-2

Ⅰ. 计… Ⅱ.①侯… ②顾… ③韩… Ⅲ. 自动绘图-高等职业教育-教材 Ⅳ. TP391.72

中国版本图书馆 CIP 数据核字(2012)第 055428 号

计算机绘图实例教程　　　　　　　　　侯玉荣　顾吉仁　韩变枝　主编

策划编辑:严育才
责任编辑:周忠强
封面设计:范翠璇
责任校对:朱　玢
责任监印:张正林
出版发行:华中科技大学出版社(中国·武汉)
　　　　　武昌喻家山　　邮编:430074　　电话:(027)87557437
录　　排:华中科技大学惠友文印中心
印　　刷:华中科技大学印刷厂
开　　本:710mm×1000mm　1/16
印　　张:17.5
字　　数:357 千字
版　　次:2012 年 5 月第 1 版第 1 次印刷
定　　价:34.80 元

全国高职高专机械设计制造类工学结合"十二五"规划系列教材

编委会

序

目前我国正处在改革发展的关键阶段,深入贯彻落实科学发展观,全面建设小康社会,实现中华民族伟大复兴,必须大力提高国民素质,在继续发挥我国人力资源优势的同时,加快形成我国人才竞争比较优势,逐步实现由人力资源大国向人才强国的转变。

《国家中长期教育改革和发展规划纲要(2010—2020年)》提出:"发展职业教育是推动经济发展、促进就业、改善民生、解决'三农'问题的重要途径,是缓解劳动力供求结构矛盾的关键环节,必须摆在更加突出的位置。职业教育要面向人人、面向社会,着力培养学生的职业道德、职业技能和就业创业能力。"

高等职业教育是我国高等教育和职业教育的重要组成部分,在建设人力资源强国和高等教育强国的伟大进程中肩负着重要使命并具有不可替代的作用。自从1999年党中央、国务院提出大力发展高等职业教育以来,培养了1300多万高素质技能型专门人才,为加快我国工业化进程提供了重要的人力资源保障,为加快发展先进制造业、现代服务业和现代农业作出了积极贡献;高等职业教育紧密联系经济社会,积极推进校企合作、工学结合人才培养模式改革,办学水平不断提高。

"十一五"期间,在教育部的指导下,教育部高职高专机械设计制造类专业教学指导委员会根据《高职高专机械设计制造类专业教学指导委员会章程》,积极开展国家级精品课程评审推荐、机械设计与制造类专业规范(草案)和专业教学基本要求的制定等工作,积极参与了教育部全国职业技能大赛工作,先后承担了"产品部件的数控编程、加工与装配"、"数控机床装配、调试与维修"、"复杂部件造型、多轴联动编程与加工"、"机械部件创新设计与制造"等赛项的策划和组织工作,推进了"双师"队伍建设和课程改革,同时为工学结合的人才培养模式的探索和教学改革积累了经验。2010年,教育部高职高专机械设计制造类专业教学指导委员会数控分委会起草了《高等职业教育数控专业核心课程设置及教学计划指导书(草案)》,并面向部分高职高专院校进行了调研。根据各院校反馈的意见,教育部高职高专机械设计制造类专业教学指导委员会委托华中科技大学出版社联合国家示范(骨干)高职院校、部分重点高职院校、武汉华中数控股份有限公司和部分国家精品课程负责人、一批层次较高的高职院校教师组成编委会,组织编写全国高职高专机械设计制造类工学结合"十二五"规划系列教材。

本套教材是各参与院校"十一五"期间国家级示范院校的建设经验以及校企

结合的办学模式、工学结合的人才培养模式改革成果的总结,也是各院校任务驱动、项目导向等教、学、做一体的教学模式改革的探索成果。因此,在本套教材的编写中,着力构建具有机械类高等职业教育特点的课程体系,以职业技能的培养为根本,紧密结合企业对人才的需求,力求满足知识、技能和教学三方面的需求;在结构上和内容上体现思想性、科学性、先进性和实用性,把握行业岗位要求,突出职业教育特色。

具体来说,力图达到以下几点。

(1)反映教改成果,接轨职业岗位要求。紧跟任务驱动、项目导向等教学做一体的教学改革步伐,反映高职高专机械设计制造类专业教改成果,引领职业教育教材发展趋势,注意满足企业岗位任职知识、技能要求,提升学生的就业竞争力。

(2)创新模式,理念先进。创新教材编写体例和内容编写模式,针对高职高专学生的特点,体现工学结合特色。教材的编写以纵向深入和横向宽广为原则,突出课程的综合性,淡化学科界限,对课程采取精简、融合、重组、增设等方式进行优化。

(3)突出技能,引导就业。注重实用性,以就业为导向,专业课围绕高素质技能型专门人才的培养目标,强调促进学生知识运用能力,突出实践能力培养原则,构建以现代数控技术、模具技术应用能力为主线的实践教学体系,充分体现理论与实践的结合,知识传授与能力、素质培养的结合。

当前,工学结合的人才培养模式和项目导向的教学模式改革还需要继续深化,体现工学结合特色的项目化教材的建设还是一个新生事物,处于探索之中。随着这套教材投入教学使用和经过教学实践的检验,它将不断得到改进、完善和提高,为我国现代职业教育体系的建设和高素质技能型人才的培养作出积极贡献。

谨为之序。

教育部高职高专机械设计制造类专业教学指导委员会主任委员

国家数控系统技术工程研究中心主任

华中科技大学教授、博士生导师

陈吉红

2012年1月于武汉

前　　言

　　AutoCAD 是由美国 Autodesk 公司开发的计算机辅助设计软件，它以其强大、完善的功能及方便、快捷的操作，在机械、工程、建筑等行业的计算机设计领域中得到极为广泛的应用。

　　与前面的版本相比，AutoCAD 2010 具有更好的绘图界面和设计环境，更强的图表设置和数据链接功能、图形处理功能、模型转化功能及网络功能。本书以 AutoCAD 2010 为平台介绍计算机绘图的基本知识，内容体系由二维到三维，由浅入深逐步展开，所有项目均以机械制图的内容为载体，以加强学生对机械制图概念的理解。本书主要包括 AutoCAD 2010 基本知识和操作，平面图形的绘制，文字及尺寸的标注和编辑，视图、零件图、装配图的绘制，三维实体建模与编辑，图形输出，制图员国家职业资格标准等内容。

　　本书具有以下特点：

　　(1) 根据高等职业技术教育的培养目标和教学特点，遵循"实用、够用"的原则，精选 AutoCAD 的常用命令及与机械制图密切相关的工程实例组织本书内容；

　　(2) 实行案例教学，用实例介绍各种命令的使用方法和操作技巧，使学生尽快掌握计算机绘图要领，提高其绘图技能，从而能够高效、规范地绘制工程图样；

　　(3) 每个项目的知识目标和能力目标可以使学生充分了解本项目的学习内容，项目总结则方便教师有针对性地讲授相应的内容；

　　(4) 每个项目都附有一定数量的思考题与上机操作练习题，针对性强，可帮助学生进一步巩固所学知识；

　　(5) 最后一个项目提供了制图员国家职业资格标准及模拟试题，使学生的课程学习与技能证书的获得紧密相连，学习更具目的性。

　　参加本书编写的有：湖北十堰职业技术学院的侯玉荣(项目 1、2、10)、赵习玮(项目 3、4)，南昌职业学院的顾吉仁(项目 8)、陈隆波(项目 5、6)，太原理工大学阳泉学院的韩变枝(项目 7)，郑州牧业工程高等专科学校的张焕(项目 9)。全书由侯玉荣负责统稿。

　　由于编者水平有限，书中难免有疏漏之处，恳请广大读者批评指正。

编　者

2012. 2

目 录

项目 1

AutoCAD 的基本知识和操作

知识目标

(1) 了解 AutoCAD 的作用及使用范围。

(2) 掌握 AutoCAD 的启动及退出方法。

(3) 熟悉 AutoCAD 的界面。

(4) 掌握图形文件的管理。

(5) 掌握 AutoCAD 中启动命令及各种执行命令。

能力目标

(1) 能正确启动和退出 AutoCAD。

(2) 能根据需要定制 AutoCAD 的界面。

(3) 能对图形文件进行有效的管理。

(4) 掌握图形文件的管理。

(5) 能使用 AutoCAD 中的各种方式启动命令及执行命令。

任务 1　AutoCAD 2010 的工作界面

　　AutoCAD 是由美国 Autodesk 公司推出的计算机辅助绘图和设计软件,其最大的优势在于绘制二维工程图。自 1982 年推出 AutoCAD 1.0 版本以来,Autodesk 公司不断对其进行改进和完善,并连续推出更新版本,使 AutoCAD 的操作更加方便,功能更加齐全。现在,AutoCAD 在机械、建筑、化工、电子、服装等许多行业的应用日渐普及,已成为国际上应用最为广泛的绘图软件之一。

　　本书以 AutoCAD 2010 为例进行介绍,绝大部分内容适用于 AutoCAD 2000 以后的各个版本,同时兼顾了软件的新增功能,将 AutoCAD 各版本的经典特性与新功能有机地融为一体。

知识点 1 　AutoCAD 2010 的启动

启动 AutoCAD 2010 的方法如下。

（1）双击桌面上 AutoCAD 2010 的快捷方式图标。

（2）在"开始"菜单（Windows）上，依次单击"所有程序"或"程序"→"Autodesk"→"AutoCAD 2010-Simplified Chinese"（简体中文版）→"AutoCAD 2010"。

（3）从 AutoCAD 的安装位置启动。如果用户具有管理权限，则可以从 AutoCAD 的安装位置运行该程序，即运行 acad. exe 文件。如果是有限权限用户，必须从"开始"菜单或桌面快捷方式图标运行 AutoCAD。

知识点 2 　AutoCAD 2010 的界面

启动 AutoCAD 2010 后，初始界面为如图 1-1 所示的"初始设置工作空间"界面，此用户界面主要由标题栏、菜单浏览区、功能区、工作区、命令区和状态栏等组成。

1. AutoCAD 工作界面

AutoCAD 提供了"二维草图与注释"、"三维建模"和"AutoCAD 经典"三种工作模式，分别适应不同的工作要求，用户可根据需要对界面进行定制。

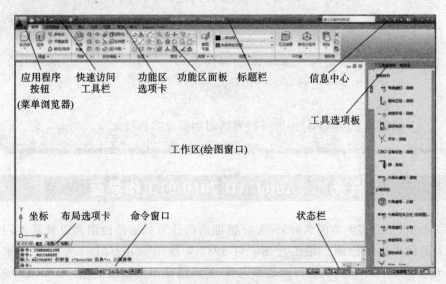

图 1-1　"初始设置工作空间"界面

当要在三种工作空间模式之间进行切换时，用鼠标单击"菜单浏览器"按钮，选择"工具"→"工作空间"下　子菜单，或在状态栏中单击"切换工作空间"按钮，在弹出的菜单中选择相应的命令即可，如图 1-2 所示。

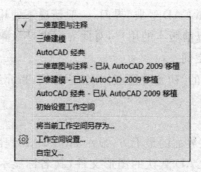

图 1-2　"切换工作空间"按钮菜单

1）二维草图与注释空间

AutoCAD 在默认状态下打开的是"二维草图与注释"空间，其界面主要由"菜单浏览器"按钮、功能区选项板、快速访问工具栏、文本窗口与命令行、状态行等组成，如图 1-3 所示。在该空间中，可以使用"绘图"、"修改"、"图层"、"标注"、"文字"、"表格"等面板提供的命令绘制二维图形。

图 1-3　"AutoCAD 经典"界面

2）三维建模空间

使用"三维建模"空间可以方便地在三维空间中绘制图形。工具选项板组主要有"三维建模"、"视觉样式"、"光源"、"材质"、"渲染"和"导航"等面板，为绘制三维图形、观察图形、创建动画、设置光源、三维对象附材质等操作提供了便利的环境。

3）AutoCAD 经典空间

由于 AutoCAD 2010 引入了一种新外观及许多新用户界面，老用户若感觉不习惯，可以选用传统的 AutoCAD 空间。其主要由"菜单浏览器"、快速访问工具栏、菜单栏、工具栏、文本窗口与命令行、状态栏等组成。

图 1-3 所示为"AutoCAD 经典"界面,一般情况下使用该界面操作最方便,同时,使用过 AutoCAD 以前版本的用户,对此界面也是最熟悉、最习惯的。

2. 初始设置工作空间

下面以图 1-1 所示的"初始设置工作空间"为例,来介绍 AutoCAD 2010 的界面。

1)标题栏

标题栏位于应用主界面的最上方,显示 AutoCAD 程序的图标及当前图形的文件名。如果是 AutoCAD 默认的图形文件,其名称显示为 DrawingN. dwg(随着打开文件数目的增加,N 依次显示为 1、2、3……)。

标题栏右侧是三个 Windows 标准按钮,其功能分别为最小化、向下还原、关闭。

2)常用工具区

应用程序的窗口功能已得到增强,用户可以从中轻松访问常用工具,如菜单浏览器、快速访问工具栏和信息中心等,也可快速搜索各种信息来源、访问产品更新和通告,以及在信息中心中保存主题,如图 1-4 所示。

图 1-4 常用工具区

3)功能区

功能区由许多面板组成,如图 1-5 所示,这些面板被组织到按任务进行标记的选项卡中。

功能区面板包含的很多工具和控件与工具栏中的相同。

图 1-5 功能区

默认情况下,在创建或打开图形时,水平功能区将显示在图形窗口的顶部。用户也可以通过拖动操作将功能区放置在图形窗口的任意位置。

常用工具选项板由"绘图"、"修改"、"图层"、"注释"、"块"、"特性"、"实用工具"等面板组成。关于选项板的使用,建议初学用户在基本了解各个选项板的大致功能后,尽量少使用选项板,应以命令输入为主。同时,关闭选项板,以增大绘图区域。

将鼠标移至选项板的上部区域,单击鼠标右键,可对选项卡进行定制,实现选项板的最小化、完整化,以及浮动和关闭等功能。关闭选项板后,通过选择"菜单浏览器"→"工具"→"菜单"→"选项板"→"功能区"可以实现重新显示。

4)绘图区

绘图区位于整个界面的中心,用户可在此区域绘制和编辑对象。绘图区是一个没有边界的区域,通过缩放、平移等命令,用户可以在有限的屏幕范围内观察绘图区的图形。默认情况下,左下角显示直角坐标。

5)命令提示窗口

命令提示窗口位于绘图区下方,如图 1-6 所示,用于显示用户通过键盘输入的命令及 AutoCAD 提示的信息。

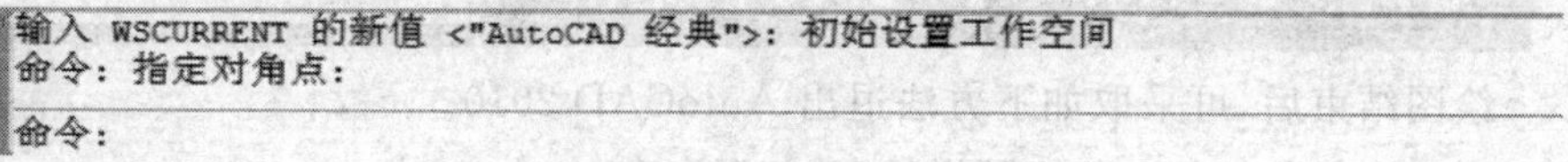

```
输入 WSCURRENT 的新值 <"AutoCAD 经典">: 初始设置工作空间
命令: 指定对角点:

命令:
```

图 1-6 命令提示窗口

命令窗口可以实现浮动、固定和隐藏显示,并可以改变大小,建议命令窗口的属性遵循 AutoCAD 的默认设置。

用户可以通过以下两种方式隐藏和重新显示命令窗口。

* 鼠标操作:"工具"菜单→命令行
* 键盘操作:Ctrl+9

由于命令区一般仅有两三行的命令提示,因此,若需要查看多行命令历史时,可以选用文字窗口(按 F2 键)。

提示:通过使用向上、向下箭头键并按 Enter 键编辑命令历史中的命令,可以重复当前任务中使用的任意命令。

绘图时,应时刻注意命令区的提示信息。只有在命令行出现"命令"状态时,才可以键入新的命令,否则,AutoCAD 仍执行当前命令。只有结束或退出当前命令后,才可以执行新的命令。

6)图形状态栏

图形状态栏位于工作区域的下方,如图 1-7 所示,用于显示缩放注释的若干工具。

图形状态栏打开后,将显示在绘图区域的底部。图形状态栏关闭时,其上的工具移至应用程序状态栏。一般将图形状态栏关闭,以扩大图形工作区。

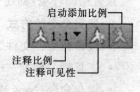

图 1-7 图形状态栏

图形状态栏打开后,可以使用"图形状态栏"菜单选择要显示在状态栏上的工具。

7)状态栏

状态栏位于整个界面的最下端,其左侧显示当前光标在绘图区的状态信息,包括 X、Y、Z 这三个方向上的坐标值;右侧显示一些具有特殊功能的按钮,一般包括捕捉、栅格、正交、极轴、帮助等功能按钮,如图1-8所示。单击按钮,当其处于按下状态时表示该功能起作用,当其处于浮起状态时表示该功能不起作用。各按钮的作用将在后面的相关内容中作具体介绍。

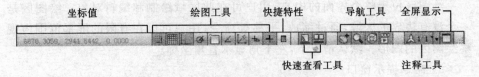

图1-8　状态栏

知识点 3　AutoCAD 2010 的退出

绘图结束后,可采取如下方法退出 AutoCAD 2010。

(1) 单击窗口右上角标题栏的"关闭"按钮。

(2) 依次单击"菜单浏览器"→"文件"→"退出"或"菜单浏览器"→"退出"。

(3) 运行 Quit 或 Exit 命令。

(4) 按"Ctrl＋Q"或"Ctrl＋Alt＋F4"组合键。

(5) 在任务栏窗口按钮或窗口标题栏上右击,在弹出的快捷菜单中选择"关闭"命令。

任务 2　AutoCAD 2010 图形文件的管理

AutoCAD 中图形文件的管理包括新建图形文件、打开图形文件和存储图形文件等操作。

知识点 1　新建图形文件

1. 功能

设置绘图环境,创建一个新的图形文件。

2. 调用命令的方式

- 菜单命令:"文件"→"新建"

- 工具栏:"标准"→"新建"

- 键盘命令:New 或 QNew

3. 命令的操作步骤

执行该命令后,会弹出如图1-9所示的"选择样板"对话框。在 AutoCAD 给出的样板文件名称列表框中,双击选择的样板文件,即可以该样板文件创建新的图形文件。如果所列样板文件不能满足用户需求,可在"查找范围"下拉列表框中选择相应路径,使用用户自行创建的样板文件来新建图形文件。

图 1-9 "选择样板"对话框

知识点 2 打开图形文件

1. 功能

打开一个已经存盘的图形文件,以进行操作。

2. 调用命令的方式

- 菜单命令:"文件"→"打开"
- 工具栏:"标准"→"打开"
- 键盘命令:Open

3. 命令的操作步骤

执行该命令后,会弹出如图 1-10 所示的"选择文件"对话框。指定要打开的图形文件存在的路径,双击该文件名,或单击需打开的文件名,再单击"打开"按钮,即可打开图形。为方便用户了解要打开图形文件的内容,在"选择文件"对话框中还提供了"预览"功能。

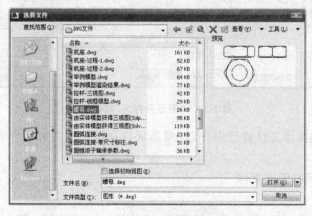

图 1-10 "选择文件"对话框

知识点3 存储图形文件

1. 保存图形文件

1）功能

将当前的图形文件保存在磁盘中以保证再次使用和编辑。

2）调用命令的方式

- 菜单命令："文件"→"保存"
- 工具栏："标准"→"保存"
- 键盘命令：QSave
- 快捷键：Ctrl＋S

3）命令的操作步骤

执行该命令后，当前已命名的图形文件被直接保存；如果当前图形文件从未保存过，则弹出如图 1-11 所示的"图形另存为"对话框。在"保存于"下拉列表框中可以指定文件保存的路径。文件名可以用默认的 DrawingN. dwg，或者由用户自己输入。

图 1-11 "图形另存为"对话框

如果当前图形文件曾经保存过，则系统将直接使用当前文件名保存在原路径下。

2. 改名另存图形文件

1）功能

对当前图形文件的文件名、保存路径、文件类型进行修改，另命名保存。

2）调用命令的方式

• 菜单命令："文件"→"另存为"

• 键盘命令：Saveas 或 Save

3）命令的操作步骤

执行该命令后，会弹出如图 1-12 所示的"图形另存为"对话框，可从中选择路径并输入文件名，确认后进行保存。

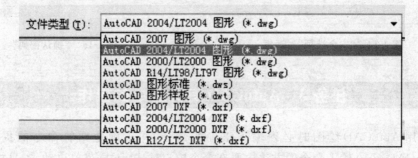

图 1-12 "图形另存为"对话框

提示：AutoCAD 默认的保存路径是"我的文档"，为了方便对图形文件进行管理，最好保存在指定的文件夹中，并使用汉字命名图形文件。

3. 密码保护功能

从 AutoCAD 2004 开始，软件新增了图形文件密码保护功能，利用该功能可以对文件进行加密保护，更好地确保图形文件的安全。

在如图 1-12 所示的"图形另存为"对话框中单击"工具"，在弹出如图 1-13 所示的下拉菜单中选择"安全选项"，弹出如图 1-14 所示"安全选项"对话框，单击"密码"，在"用于打开此图形的密码或短语"文本框中输入密码→"确定"。为避免用户无意中输错密码，系统随后弹出如图 1-15 所示的"确认密码"对话框，用户必须将密码再输入一遍，单击"确定"。当两次输入的密码完全一致时，返回到"图形另存为"对话框，单击"保存"即可。下次打开该图形文件时，系统将弹出一个对话框，要求用户输入正确的密码，否则无法打开该文件。

图 1-13 "安全选项"

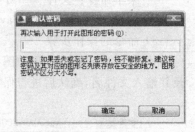

图 1-14 "安全选项"对话框　　　　　　　图 1-15 "确认密码"

任务 3　AutoCAD 有关命令的操作

用 AutoCAD 绘图时必须输入正确的命令,并正确地回答命令的提示。AutoCAD 2010 输入命令的方法主要有命令窗口输入、下拉菜单启动、工具栏启动等。每种方法都各有特色,用户可根据自己的绘图习惯,选择适合自己的输入方法。

知识点 1　输入命令的方法

1. 工具栏启动命令

在工具栏中单击图标按钮,则启动相应命令。此方法直观,较常用,尤其对初学者很适用。

例如单击"绘图"→"直线",即可启动"直线"命令。

2. 菜单启动命令

选中下拉菜单,在菜单中单击需要的 AutoCAD 命令,即可执行相应命令。

例如单击"绘图"→"直线",即可启动"直线"命令。

3. 命令行启动命令

当 AutoCAD 命令行窗口中的提示符为"命令:"时,可由键盘直接输入命令名或命令简称,然后按回车键或空格键以启动命令。

用户使用该方式时,需要记忆相应的命令或命令简称,但这种方式是快速操作的一个有效途径。

4. 重复执行命令

在执行完某个命令后,如果需重复执行该命令,在命令行提示"命令:"时,直接按回车键或空格键,或在绘图区域单击鼠标右键,AutoCAD 将重复该命令。

5. 透明命令输入法

在 AutoCAD 执行某个命令期间,可以插入执行另一条命令(透明命令),而执行完后能回到原来命令的执行状态。能作为透明命令使用的通常是一些绘图辅助命令,如"平移"、"缩放"等。

知识点2　执行命令的方法

不管以哪种方法输入命令,命令的执行过程都是一样的。

1. 在绘图区操作

启动命令后,用户需要输入点的坐标值、选择对象及选择相关的选项来执行命令。在 AutoCAD 中,一类命令是通过对话框来执行的,另一类命令是根据命令行提示来执行的。从 AutoCAD 2006 开始,软件新增加了动态输入功能,可以实现在绘图区操作,完全可以取代传统的命令行。在动态输入功能被激活后,光标附近将显示动态输入工具栏。单击状态行上的"动态输入"可打开或关闭动态输入功能。

2. 在命令行操作

在命令行操作是 AutoCAD 最传统的方法。启动命令后,根据命令行的提示,用键盘输入坐标值或有关参数后再按回车键或空格键即可执行有关操作。

知识点3　命令的撤销、终止与重做

1. 命令的撤销

"撤销"命令可以逐一取消前面已经执行过的命令。运行该命令的方式如下。

(1) 在命令行输入 u 或 undo 命令可连续撤销执行过的命令。

(2) 单击"快速访问工具栏"中的图标按钮 ,可逐次撤销执行过的命令。

(3) 有些命令在其命令提示中提供了"放弃"选项,选择该选项可连续撤销前一步执行过的命令。

2. 命令的重做

"重做"命令可以恢复刚执行的"放弃"命令所放弃的操作。运行该命令的方式如下。

(1) 在使用了 u 或 undo 命令后,马上使用"重做"命令即可恢复已撤销的上一步操作。

(2) 单击"标准"工具栏中的图标按钮 ,可连续恢复已撤销的上一步操作。

3. 命令的终止

(1) 正常完成一条命令后自动终止。

(2) 在执行命令过程中按键盘上的 ESC 键可终止当前命令。

(3) 在执行命令过程中,从菜单或工具栏调用另一条命令,当前正在执行的命令将自动终止。

（4）单击鼠标右键,相当于回车键,用于终止当前的命令。

任务 4　功能键及快捷键

AutoCAD 中相关功能键及快捷的作用分别如表 1-1 和表 1-2 所示。

表 1-1　功能键及其作用

序号	功能键	作　用	序号	功能键	作　用
1	F1	帮助	7	F7	栅格显示控制
2	F2	图形窗口和文本窗口的切换	8	F8	正交模式控制
3	F3	对象自动捕捉	9	F9	栅格捕捉模式控制
4	F4	数字化仪控制	10	F10	极轴模式控制
5	F5	等轴测平面切换	11	F11	对象追踪模式控制
6	F6	状态行坐标的显示方式控制	12	F12	动态输入控制

表 1-2　快捷键及其作用

序号	快捷键	作　用	序号	快捷键	作　用
1	Ctrl+B	栅格捕捉模式控制(F9)	11	Ctrl+6	打开数据库连接管理器
2	Ctrl+C	将选择的对象复制至剪切板	12	Ctrl+O	打开图像文件
3	Ctrl+F	对象自动捕捉(F3)	13	Ctrl+P	打开打印对话框
4	Ctrl+G	栅格显示模式控制(F7)	14	Ctrl+S	保存文件
5	Ctrl+J	重复执行上一步命令	15	Ctrl+U	极轴模式控制(F10)
6	Ctrl+K	超级链接	16	Ctrl+V	粘贴剪切板上的内容
7	Ctrl+N	新建图形文件	17	Ctrl+W	对象追踪模式控制(F11)
8	Ctrl+M	图像另存为对话框	18	Ctrl+X	剪切所选择的内容
9	Ctrl+1	打开特性对话框	19	Ctrl+Y	重做
10	Ctrl+2	打开设计中心	20	Ctrl+Z	取消前一步的操作

思考与上机操作

1. 回答下列问题。

（1）AutoCAD 2010 的用户界面主要由哪些部分组成?

（2）怎样打开一个已有的图形文件?

（3）在 AutoCAD 2010 中如何创建新图?

（4）AutoCAD 2010 中有哪些输入命令的方法？

（5）用什么方法终止正在执行的命令？

（6）如何打开、关闭和移动工具栏？

（7）如何撤销已执行的操作？

2．按如下要求设置 AutoCAD 2010 用户界面：将"标注"、"标准"、"绘图"、"建模"、"渲染"工具栏显示出来，并放在合适的位置。

3．新建一个图形文件，将其保存在新建的"C:\AutoCAD 练习\项目 1"文件夹中，并命名为"保存文件练习"。

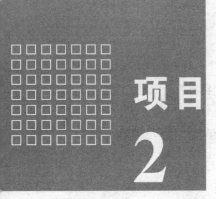

项目 2

简单二维图形的绘制

知识目标

（1）掌握绘图环境的设置。

（2）掌握对象捕捉、对象追踪和极轴追踪的有关内容。

（3）掌握直角坐标与极坐标、绝对坐标与相对坐标的概念及应用。

（4）掌握二维图形的基本绘制和编辑方法。

（5）掌握图层的使用。

能力目标

（1）能根据图形尺寸正确设置图形界限。

（2）能正确设置和使用对象捕捉、对象追踪、极轴追踪、栅格来绘制图形。

（3）能使用各种图形绘制和编辑方法绘制简单二维图形。

（4）根据需要正确设置和使用图层。

（5）能使用各种图形绘制和编辑方法绘制简单二维图形。

（6）能对图形进行缩放和平移操作。

任务 1　简单直线图形的绘制

本任务以绘制如图 2-1 所示的直线图形为例，介绍"图形界限"、"直线"、"正交"、极轴追踪"、"修剪"等命令，并引出相关的知识点。制图过程如下。

（1）设置图形界限。

根据图形尺寸，将图形界限的两个点分别设为(0,0)和(100,70)。执行"缩放"命令并选择"全部（A）"选项，显示图形界限。

（2）利用"图层"命令，创建绘图常用的"粗实线"、"细实线"、"点画线"、"虚线"等图层。

14

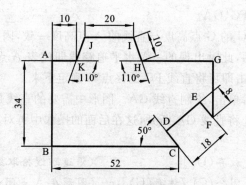

图 2-1 简单直线图形绘制

（3）分析图形，确定关键点和绘制方法。

分析图 2-1，可将左上角的 A 点定为关键点。使用"极轴追踪"、"对象捕捉"来绘制图形中的各条直线。

（4）从关键点起按逆时针方向绘制图形。

单击"图层"工具栏中"图层"下拉箭头，选择"粗实线"图层。单击"绘图"→"直线"，在绘图区的适当位置单击，指定 A 点。因 AB、BC 都是水平及竖直线，为能快速方便地进行绘图，打开"正文模式"。将鼠标沿追踪线向下拖动，在命令行输入长度值 34，回车确定，指定直线的终点 B，得到直线 AB。

直线命令可自动重复，即将上一条直线的终点作为下一条直线的起点，所以绘制直线 BC 时，起点自动定为点 B，将鼠标沿追踪线向右拖动，在命令行输入长度值 52，回车确定，指定直线的终点 C，得到直线 BC。操作步骤如下。

命令：_line 指定第一点， （拾取线段的起点 A）

指定下一点或[放弃(U)]：34 （拾取线段的端点 B）

指定下一点或[放弃(U)]：52 （拾取线段的端点 C）

（5）使用"极轴追踪"和"对象捕捉"绘制直线 CD、DE、EF。

① 右击状态栏上的"极轴追踪"→"设置"→将极轴追踪增量角设置为 10°→"确定"。沿直线 CD 方向移动鼠标，当极轴夹角显示为 130°时，在动态输入工具栏中输入长度数值 8，回车确定，得到直线 CD。

② 沿直线方向移动鼠标，当极轴夹角显示为 40°（130°－90°）时，在命令行中输入长度值 18，回车确定，得到直线 DE。

③ 沿直线方向移动鼠标，当极轴夹角显示为 310°（130°＋180°）时，在命令行中输入长度 8，回车确定，得到直线 EF。

操作步骤如下。

指定下一点或[放弃(U)]：8 （拾取线段的端点 D）

指定下一点或[放弃(U)]：18 （拾取线段的端点 E）

指定下一点或[放弃(U)]：8 （拾取线段的端点 F）

（6）绘制直线 FG、GA。

① 由于直线 FG 的 G 点高度与直线的 A 点高度一致，因此可将光标移到 A 点上，然后向右移动，此时出现的一条水平追踪线即代表 A 点的高度，当极轴夹角显示为 90°时，单击即可将直线 FG 的终点 G 确定下来。

② 捕捉 A 点后单击，绘制直线 GA。图形中需要的直线是 KA 和 GH，即需要在 K 点和 H 点处将直线 GA 断开，这在后面的操作中再对其进行修剪。

操作步骤如下。

指定下一点或[放弃(U)]：　　　　　　　　（沿追踪线抬取线段的端点 G）

指定下一点或[闭合(C)/放弃(U)]：c　（图形在 A 点闭合）

（7）使用"对象捕捉"和"极轴追踪"继续绘制直线 KJ、IJ、IH。

① 单击"绘图"→"直线"，绘制直线 KJ，操作步骤如下。

命令：_line 指定第一点：-From 基点：<偏移>：@10,0　（选择 A 点，输入相对 A 点的偏移量回车确定）

指定下一点或[放弃(U)]：10　（将鼠标向上移动，当极轴夹角为 70°时，输入偏移量 10，绘制直线 KJ）

② 沿直线 IJ 方向移动鼠标，当极轴夹角显示为 0°时，在命令行中输入长度值 20，回车确定，得到直线 IJ。

③ 沿直线 IH 方向移动鼠标，当极轴夹角显示为 290°时，在命令行输入长度值 10，回车确定，得到直线 IH。

（8）修剪直线 GA 的多余部分。

单击"修改"→"修剪"，启动"修剪"命令，操作步骤如下。

当前设置：投影＝UCS，边＝无

选择剪切边...

选择对象或<全部选择>：找到 1 个　　　　（选择直线 KJ 作为剪切边的对象）

选择对象：找到 1 个，总计 2 个　　　　　（选择直线 IH 作为剪切边的对象）

选择对象：　　　　　　　　　　　　　　　（回车，结束剪切边的选择）

选择要修剪的对象，或按住 Shift 键选择要延伸的对象，或[栏选(F)/窗交(C)/投影(P)/边(E)/删除(R)/放弃(U)]：（选择直线 GA 多余部分）

选择要修剪的对象，或按住 Shift 键选择要延伸的对象，或[栏选(F)/窗交(C)/投影(P)/边(E)/删除(R)/放弃(U)]：（按 ESC 结束命令）

（9）保存图形文件。

知识点 1　绘图环境设置

通常情况下，安装好 AutoCAD 2010 以后就可以在其默认设置下绘制图形，但为了提高绘图效率，需要对绘图环境及系统参数作必要的设置。

1. 系统环境的设置

1）功能

用户根据其工作方式对系统环境进行设置，以调整应用程序界面和绘图区域。本节所涉及的几个系统设置均可从快捷菜单和"选项"对话框中访问。图2-2所示为"选项"对话框，其中包含"文件"、"显示"、"打开和保存"、"打印和发布"、"系统"、"用户系统配置"、"草图"、"三维建模"、"选择集"等十个选项卡。

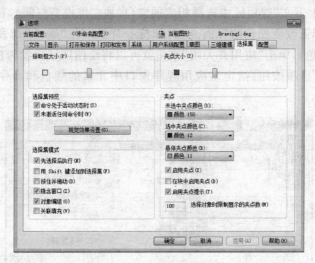

图 2-2　"选项"对话框

2）"选项"对话框的启动方式

- 菜单命令："工具"→"选项（N）"
- 键盘命令：Options

3）对话框中各选项的含义

（1）"文件"选项卡　用于配置搜索路径、指定文件名和位置。

① 支持文件搜索路径：查找不在当前文件夹中的文字字体、自定义文件、插入模块、线型和填充图案的文件夹。

② 指定保存临时文件的路径。

（2）"显示"选项卡　包括"窗口元素"、"布局元素"、"显示精度"、"十字光标大小"等选项区。

① "窗口元素"选项区，包括"配色方案"、"显示图形状态栏"、"显示屏幕菜单"、"颜色"、"字体"等。

a."配色方案"下拉列表：控制绘图环境特有的显示设置，有"明、暗"两种配色方案，以深色或亮色控制元素（如状态栏、标题栏、功能区和菜单浏览器边框等）的颜色设置。

b."显示图形状态栏"：用于控制在绘图区域下方显示缩放注释的若干工具，

17

以及在应用程序状态栏显示图形状态栏中的工具,建议不选此项。

　　c.“显示屏幕菜单”:为了保持 AutoCAD 早期版本的功能而存在,默认不选择,以免挤占绘图区空间。

　　d.“颜色”选项按钮:用于指定主应用程序窗口中元素的颜色。AutoCAD 2010 的默认背景为黑色,当将 AutoCAD 的图形插入到 Word、PowerPoint 等文件中时,需要将背景设置为白色,这时需通过“颜色”按钮来实现。设置过程如图 2-3 所示,在“上下文”选项区中选择相应的窗口(如二维模型空间),在“界面元素”列表框中选择需改变颜色的界面元素(如统一背景),在“颜色”列表框中选择所需颜色(如白色),单击“应用并关闭”按钮就可以将绘图区域设置为白色背景。

　　e.“字体”选项按钮:指定主应用程序窗口中元素的颜色和命令行文字的字体。

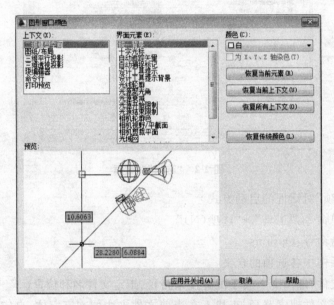

图 2-3　“图形窗口颜色”对话框

　　②“十字光标大小”选项区,用以控制十字光标的尺寸。有效值范围为全屏幕尺寸的 1%～100%,默认尺寸为全屏幕尺寸的 5%。

　　用户通过“显示”选项卡对系统环境的设置进行改动后,只要单击“应用”或“应用并关闭”按钮,就能看到改变后的效果。

　　(3)“打开和保存”选项卡　用于控制打开和保存文件的相关选项,如图 2-4 所示。其中“文件安全措施”选项区的功能如下。

　　①“自动保存(U)”:在其后文本框中输入相应的时间(min),就可以实现每隔设定时间自动保存图形,可减少由于系统不能正常工作而导致的图形损失。

　　②“每次保存时均创建备份副本(B)”:选择此功能后,AutoCAD 保存文件

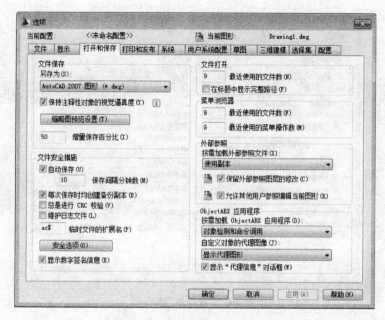

图 2-4 "打开和保存"对话框

时,会将前面一个文件保存成"bak"后缀的同名文件,如果用户正在使用的文件("dwg"后缀)出错不能应用,或想恢复使用本次存盘前的文件,可以将同名的"bak"后缀文件改为"dwg"后缀文件即可。

(4)"用户系统配置"选项卡 其中"线宽设置(L)..."按钮的功能如下。

单击"线宽设置(L)..."按钮会弹出如图 2-5 所示的"线宽设置"对话框,用户可以设置线宽,若选择"显示线宽(D)"就会在绘图区域显示线型、线宽。但选择后会影响显示速度,建议一般不选择。

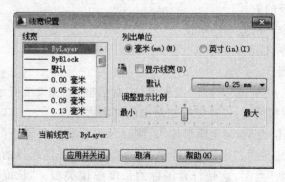

图 2-5 "线宽设置"对话框

(5)"草图"选项卡 用于设置"自动捕捉标记大小"、"靶框大小"等。

(6)"选择集"选项卡 用于控制拾取框的大小、夹点的大小及颜色、视觉效果等方面的设置,如图 2-6 所示。

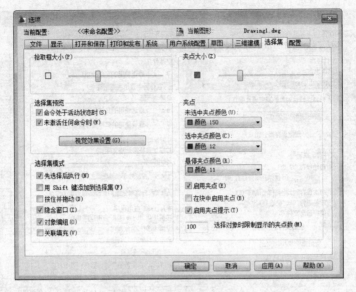

图 2-6 "选择集"选项卡

2. 图形单位的设置

1）功能

用户在使用 AutoCAD 绘图前，应先对绘图区域进行设置，以确定绘制的图样与实际尺寸的关系，便于绘图。一般情况下，在绘制图形前需先设置图形的单位，然后设置图形的界限。

AutoCAD 中绘制的所有图形对象都是根据单位进行测量的，因此绘图前应首先确定度量单位，决定一个单位代表的距离，可使用"UNITS"命令确定 AutoCAD 的度量单位。若没有特殊情况，一般保持其默认设置。

2）调用命令的方式

· 菜单命令："格式"→"单位"

· 键盘命令：Units

3）操作步骤

（1）"格式"→"单位"，打开"图形单位"对话框，如图 2-7 所示。设置长度和角度单位的类型和精度，以确定绘制对象的真实大小。

（2）选择单位类型，确定图形输入、测量及坐标显示的值。"长度"选项的类型设有"分数"、"工程"、"建筑"、"科学"、"小数"五种可供选择的长度单位，一般情况下采用"小数"类型，这是符合国标的长度单位类型。"长度"选项的精度可选择长度单位的精度。

（3）在"图形单位"对话框中设置角度类型及精度。

（4）单击"方向（D）..."按钮，弹出"方向控制"对话框，可以设置角度测量的起始方向，如图 2-8 所示。

图 2-7 "图形单位"对话框

图 2-8 "方向控制"对话框

3. 图形界限的设置

1）功能

图形界限标明用户的工作区域和图纸的边界,设置图形界限就是使所绘制的图形设置在某个范围内。国家标准规定的图幅尺寸如表 2-1 所示。图形界限是由世界坐标系统中的二维点确定的,采用图形界限的左下角和右上角点来表达。

表 2-1　图纸基本幅面尺寸

单位:mm

幅面代号	A0	A1	A2	A3	A4
宽×长(B×L)	841×1189	594×841	420×594	297×420	210×297
e	20			10	
c	10			5	
a	25				

2）调用命令的方式

- 菜单命令:"格式"→"图形界限"
- 键盘命令:Limits

3）操作步骤

命令:_limits

重新设置模型空间界限:

指定左下角点或[开(ON)/关(OFF)]<0.0000,0.0000>:

指定右上角点<420.0000,297.0000>:

提示:在上面显示的命令中,方括号"[]"中以"/"隔开的内容表示各种选项;圆括号"()"中的内容为选择该选项要输入的内容;尖括号"<>"中的内容是当前默认值。

修改上述提示中的数值,便可重新设置图形界限。应按国家标准图幅设置图形界限。在完成设置后,如果将图形界限打开(ON),则此后的绘图只能在图形界限内进行。

4)命令行中各提示的含义

开(ON):选择该选项,进行图形界限检查,不允许在超出图形界限的区域绘制对象。

关(OFF):选择该选项,不进行图形界限检查,允许在超出图形界限的区域绘制对象。

在该提示下,可以输入一个坐标值并回车,也可以直接在绘图区用光标选定一点,来设置图形左下角的位置。如果接受默认值,则直接回车,尖括号内的数值就是默认值。

提示:由于 AutoCAD 的绘图区是无限大的,为了使图形布局美观、合理,需根据所绘图形的大小设置图形界限。

知识点2 精确绘图辅助功能及设置

AutoCAD 工作界面下方的状态栏上有"捕捉"、"栅格"、"正交"、"对象追踪"等按钮,如图 2-9 所示。熟练运用这些按钮,可提高绘图的效率,保证绘图的准确性。这些绘图辅助工具命令均可透明地执行。

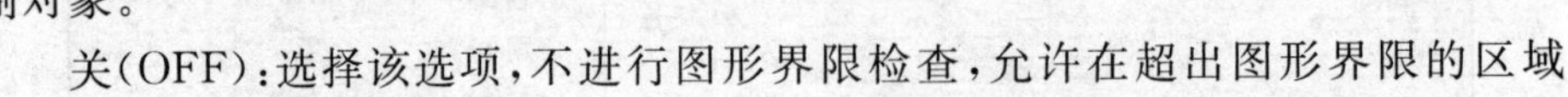

图 2-9 AutoCAD 的状态栏

1.栅格和捕捉

1)功能

"捕捉"用于设置鼠标光标移动的间距。"栅格"是在绘图区中按指定间距显示的点阵,类似坐标纸的作用,可以直观地显示对象间的距离和位置。通过设置捕捉栅格特性,光标只能锁定在栅格点上,便于迅速、精确确定点的位置;捕捉和栅格通常配合使用。

2)启动捕捉和栅格设置的方法

· 菜单命令:"工具"→"草图设置"→"捕捉和栅格"

· 右键快捷菜单:"设置"

启动命令后,弹出"草图设置"对话框,如图 2-10 所示。

3)"捕捉和栅格"选项卡上各选项的含义

(1)"启用捕捉"。用于打开或关闭栅格捕捉模式。单击状态栏上"捕捉"按钮或按 F9 功能键可打开或关闭栅格捕捉。

(2)"启用栅格"。用于打开或关闭栅格模式。单击状态栏上"栅格"按钮或

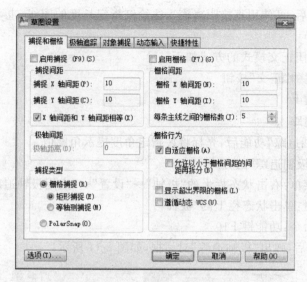

图 2-10　"草图设置"选项卡

按 F7 功能键可打开或关闭栅格显示。

（3）"捕捉间距"和"栅格间距"区。用来设定捕捉和栅格在 X 和 Y 方向的间距值。绘制机械图样时，捕捉间距与栅格间距应设置为相同的数值。

（4）"极轴间距"。只有当选择捕捉类型为"极轴捕捉"时，才设置极轴捕捉间距，如果该值为 0，则以"捕捉 X 轴间距"的设置作为该值。

（5）"捕捉类型"的功能。

①"矩形捕捉"：将捕捉点阵设置为"矩形"分布，光标捕捉矩形栅格。该模式为 AutoCAD 的默认状态。

②"等轴测捕捉"：适用于画正等轴测图，光标捕捉等轴测栅格。

③"PolarSnap"：将捕捉样式设置为"极轴"捕捉模式。打开"捕捉"功能和"极轴追踪"后，光标沿极轴角或对象捕捉追踪角捕捉点。

（6）"栅格行为"的功能。

①"自适应栅格"：用于设置视图缩小时，是否限制栅格密度。

②"允许以小于栅格间距的间距再拆分"：用于设置视图放大时，是否生成更多间距更小的栅格线。

③"显示超出界限的栅格"：用于设置是否显示超出图形界限区域的栅格。

④"遵循动态 UCS"：用于设置更改栅格平面，以遵循动态 UCS 的 XOY 平面。

2. 正交

当正交功能被打开后可以限制光标的位置，使其只能在水平或竖直方向运动，以便快速、精确地创建或修改对象。

"正交模式"只有开、关两种状态，输入坐标或指定对象捕捉时可忽略正交。

打开正交模式后,可使用直接距离输入法绘制指定长度的图线,也可将对象移动指定的距离。

打开或关闭正交模式的方式如下。

- 状态栏的"正交"按钮
- 功能键 F8

3. 极轴追踪

使用"极轴追踪"功能后,光标将按指定角度提示角度值。

1)打开"极轴追踪"的方式

- 快捷菜单:右击状态栏上的"极轴"→"设置"→"启用极轴追踪"→选中
- 工具栏:单击状态栏上的"极轴"
- 键盘命令:功能键 F10

启动命令后,弹出"极轴追踪"对话框,如图 2-11 所示。

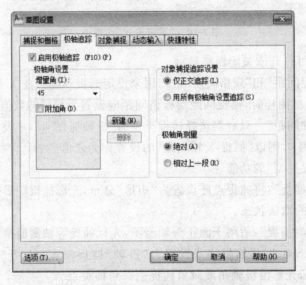

图 2-11 "极轴追踪"对话框

2)极轴追踪的使用

使用极轴追踪时,光标将按设定的极轴方向进行移动,在极轴角度方向上显示一条追踪辅助线及光标点的极坐标值,提示追踪的距离和角度值。用户可直接拾取、输入距离或利用对象捕捉点。

3)极轴角的设置

通过设置极轴角增量来确定极轴追踪方向,从"增量角"下拉列表中可以选择系统预设的角度,所有 0°和增量角的整数倍角度都会被追踪到。系统默认的增量角为 90°。如果预设的角度不能满足使用要求,可单击"附加角"的"新建"按钮,在附加角列表中添加非递增角度。

提示："正交模式"和"极轴追踪"不能同时打开,打开"正交模式"将关闭"极轴追踪"。

4)"极轴追踪"选项卡上各选项的含义

(1)"仅正交追踪":仅显示已获得的对象捕捉点的正交对象捕捉追踪路径。

(2)"用所有极轴角设置追踪":当指定点时,允许光标沿已获得的对象捕捉点的任何极轴角的追踪路径进行追踪。

(3)"绝对":表示根据当前用户坐标系确定极轴追踪角度。

(4)"相对上一段":表示根据上一个绘制线段确定极轴追踪角度。

4．对象捕捉

在绘图过程中,经常需要选取一些特殊点,如端点、中点、圆心、切点等,利用对象捕捉功能可以快速、准确地找到这些点,而不需要了解这些点的精确坐标。

AutoCAD有两种对象捕捉方式:单点捕捉和自动捕捉。

1)单点捕捉

单点捕捉是指启动捕捉后每次仅输入一个特定的捕捉点。当指定对象捕捉时,光标将变为对象捕捉靶框。当选择对象时,AutoCAD将捕捉离靶框中心最近的符合条件的捕捉点,并显示出捕捉到该点的符号和捕捉标记。

(1)启用对象捕捉的方式如下。

① 按住"Shift"键或"Ctrl"键,并单击鼠标右键以显示"对象捕捉"快捷菜单,如图2-12所示。

②"对象捕捉"工具栏上的对象捕捉按钮,如图2-13所示。

③ 键盘命令:在命令提示下输入对象捕捉的名称。

④ 在状态栏的"对象捕捉"按钮上单击鼠标右键。

(2)常用的对象捕捉类型及功能如下。

① 端点 ：捕捉到直线、圆弧、椭圆弧、多行、多段线、样条曲线、面域线最近的端点,或捕捉宽线、实体或三维面域的最近角点。

② 中点 ：捕捉到直线、圆弧、椭圆、椭圆弧、多行、多段线、面域、实体、样条曲线等的中点。

③ 交点 ：捕捉到直线、圆弧、圆、椭圆、椭圆弧、多行、多段线、射线、面域、样条曲线等的交点。

图2-12　"对象捕捉"弹出菜单

图 2-13 "对象捕捉工具栏"

④ 外观交点：捕捉到三维空间中不在同一平面，但是在当前视图中看起来可能相交的两个对象的外观交点。

⑤ 延长线：捕捉到直线、多段线、圆弧、椭圆弧的延长线上的点。

⑥ 圆心：捕捉到圆弧、圆、椭圆或椭圆弧的中心。

⑦ 象限点：捕捉到圆弧、圆、椭圆或椭圆弧的象限点（相对于圆或圆弧0°、90°、180°、270°处的点）。

⑧ 切点：捕捉到圆弧、圆、椭圆、椭圆弧或样条曲线的切点。

⑨ 垂足：捕捉到圆弧、圆、椭圆、椭圆弧、直线、多行、多段线、射线、面域、实体、样条曲线或参照线的垂足。

⑩ 平行线：将直线段、多段线、射线或构造线限制为与其他线性对象平行。使用时，在提示输入第二点时，将光标移动到已有线性对象上停留片刻，该对象上将出现一个平行符号，如果用户绘制的图形对象与已有线性对象平行时，AutoCAD 显示一条辅助线，可沿此辅助线绘制与原线性对象平行的图形对象。

⑪ 插入点：捕捉到所插入的块、文字、形或属性的插入点。

⑫ 节点：捕捉到点对象、标注定义点或标注文字起点。

⑬ 最近点：捕捉到圆弧、圆、椭圆、椭圆弧、直线、多行、点、多段线、射线、样条曲线或参照线上离光标位置最近的点。

提示：捕捉到"圆心"方式对捕捉到"切点"方式有干扰，捕捉"切点"时可将捕捉到"圆心"方式暂时取消。

2）自动捕捉

在绘图过程中，使用对象捕捉的频率非常高，但每次选择点时都必须先选择捕捉方式，单点捕捉操作就显得比较烦琐。为此 AutoCAD 提供了一种预设置对象的自动捕捉方式，可持续有效地使用，避免每次都必须选择捕捉方式。自动捕捉时，当光标放在一个对象上时，系统会自动捕捉到该对象上所有符合条件的几何特征点，并显示出相应的标记。

自动捕捉时，用户可以设置一种或多种捕捉方式并可同时打开，但为避免相互干扰，通常将最常用的对象捕捉类型设置为自动捕捉方式，其他捕捉方式可以根据需要，采用单点捕捉方式。在命令操作中只有将"对象捕捉"打开，捕捉方式才生效。对应的功能键为 F3。

设置自动捕捉的方法如下。

• 菜单命令:"工具"→"草图设置"

• 快捷菜单:在绘图区域中按住"Shift"键后单击鼠标右键,然后选择"对象捕捉设置"

提示:"对象捕捉"与"捕捉"不同,"捕捉"是将光标定位在确定的点上,是可以单独执行的命令。"对象捕捉"把光标定位在已画好图形的特殊点上,不能单独使用,是命令执行过程中被使用的模式。

5. 对象追踪

对象追踪是指沿着对象捕捉点的辅助线方向追踪。

对象追踪必须和对象捕捉方式同时使用,即使用对象追踪时必须先打开对象捕捉功能。当命令行指定一个点时,将光标移动到一个对象捕捉点处(但不要点击该点)稍作停顿,即可获取追踪点。之后沿追踪方向移动光标时,AutoCAD将会自捕捉点自动产生一条显示与获取点的相对水平、垂直距离及极角信息的追踪线。

单击状态栏上"对象追踪"按钮或按 F11 功能键可打开或关闭对象追踪。

6. 快捷特性

AutoCAD 2010 新增了快捷特性功能,当用户选择对象时,即可显示快捷特性面板,从而方便修改对象的属性。

1)启动快捷特性功能的方法

• 状态栏上的"快捷特性"按钮

• Shift+Ctrl+P

"快捷特性"各参数可以通过"快捷特性"选项卡进行设置,如图 2-14 所示。

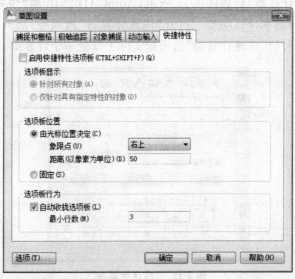

图 2-14 "快捷特性"选项卡

2）"快捷特性"选项卡中各选项的含义

（1）"按对象类型显示"区　可设置显示所有对象的快捷特性面板或显示已定义快捷特性的对象的快捷特性面板。

（2）"位置模式"区　可以设置快捷特性面板的位置。

光标：快捷特性面板将根据"象限点"和"距离"的值显示在某个位置。

象限点：指定显示"快捷特性"面板的相对位置，可以选择四个象限之一。

距离：选择"光标"时的距离，可以在范围 0～400 之间指定值（仅限整数值）。

浮动：快捷特性面板将显示在上一次关闭时的位置处。

（3）"大小设置"选项区　可以设置快捷特性面板显示的高度及是否自动收拢。默认高度为"快捷特性"面板设置在收拢的空闲状态下显示的默认特性数量。可以指定 1～30 之间的值（仅限整数值）。

7. 快速计算器

在 AutoCAD 2010 中，快速计算器是一个表达式生成器，当输入能够编辑的表达式后，回车或单击"＝"键可计算出结果。快速计算器能够进行数字计算、科学计算、单位转换和变量求值，且界面直观，易于操作。

1）启动快速计算器的方法

- 工具栏："标准注释"→"快速计算器"
- 菜单命令："工具"→"选项板"→"快速计算器"
- 键盘命令：Quickcalc 或 QC
- 功能键：Ctrl＋8

2）快速计算器的功能

启动"快速计算器"后如图 2-15 所示，AutoCAD 2010 的"快速计算器"选项板具有计算器的基本计算功能。打开"快速计算器"选项板，展开"数字键区"和"科学"区域，此时的"快速计算器"选项板实际上就是一个计算器。

图 2-15　"快速计算器"

在"快速计算器"选项板中,展开"单位转换"区域后,可以对长度、面积、体积和角度单位进行转换。例如,要计算 5 米为多少英尺,可以在"快速计算器"选项板的"单位转换"区域中选择"单位类型"为长度,"转换自"为米,"转换到"为英尺,"要转换的值"为 5,然后单击"已转换的值",即可显示转换结果,如图 2-16 所示。

单位转换	▲
单位类型	长度
转换自	米
转换到	米
要转换的值	0
已转换的值	

图 2-16　"快速计算器"中的"单位转换"

知识点 3　数据的输入方法

在 AutoCAD 2010 中可以通过输入数据来精确绘图,这都是在绘图命令提示中给出点的位置来实现的,比如给出直线的起点、圆的圆心或下一点等。AutoCAD 2010 有多种给出点的方式,本节只简要介绍几种基本的输入方法。

1. 鼠标直接拾取点

当命令提示要求定位时,移动鼠标至所需位置,按下左键即可。这种定位方法方便快捷,但不能用来精确定位。可利用 AutoCAD 的"对象捕捉"功能,来拾取已有图线上的端点、交点、圆心等特殊位置。

2. 键盘输入坐标给点

用键盘直接在命令行输入点的坐标可以精确定位。在 AutoCAD 中,点的坐标可以使用绝对直角坐标、相对直角坐标、绝对极坐标、相对极坐标四种表示方法。

(1)绝对直角坐标:指当前点相对于坐标原点的坐标值。

三维坐标的输入方式为 (X, Y, Z),二维坐标的输入方式为 (X, Y),其中 X 值表示距坐标原点的水平距离,Y 值表示距坐标原点的竖直距离。三维坐标原点为 $(0, 0, 0)$,二维坐标原点为 $(0, 0)$。

(2)相对直角坐标:指当前点相对于前一点的坐标增量。

二维坐标的输入方式为 $(@X, Y)$,表示相对于上一点的直角坐标,即 X 值表示距前一点的水平距离,Y 值表示距前一点的竖直距离。

直角坐标值的正、负表示方向。X 为正表示沿相对坐标原点(或前一点)向右,为负则向左;Y 为正表示沿相对坐标原点(或前一点)向上,为负则向下。

(3)极坐标:极坐标使用距离和角度来定位点,分为相对极坐标和绝对极坐标两种。

绝对极坐标的输入方式为(L<α),其中,L是指从坐标原点到当前点的距离,α是指坐标原点和当前点的连线与X轴所成的角度。

相对极坐标的输入方式为(@L<α),其中,L指上一点到当前点的距离,α是上一点和当前点的连线与X轴所成的角度。

极坐标的距离和角度也以正、负表示方向。角度为正时,表示当前点和坐标原点(或前一点)的连线与X轴正向的夹角为逆时针,为负时则为顺时针。

3.键盘直接输入距离给点

用鼠标导向,从键盘直接输入相对于上一点的距离,按回车键即可确定点的位置,绘制水平线和竖直线时常用这种方法。

4.角度的输入

角度的输入通过对两点的输入来实现:两点的连线方向即可确定角度方向,但应注意其大小与输入点的顺序有关。规定第一点为起始点,第二点为终点,角度数值指起点和终点的连线与X轴正向以逆时针转动所夹的角度。

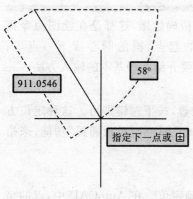

图2-17 "动态输入"方法

5.动态输入

"动态输入"在光标附近提供一个命令界面,以帮助用户专注于绘图区域,如图2-17所示。

启用"动态输入"时,工具栏的提示信息将在光标附近显示,该信息会随着光标移动而动态更新。当某条命令为活动时,工具栏提示信息将为用户提供输入的位置。关闭"动态输入"时,输入的命令和其他内容在命令行中显示。

单击状态栏上的"DYN"按钮或按功能键F12,可打开或关闭"动态输入"功能。

提示:用键盘输入命令和参数时,最好将中文输入法关闭,使用英文输入状态,或者将输入法设置成半角方式,因为AutoCAD不能识别全角的字母、数字和符号。

知识点4 对象的选择

修改对象前,先要选择对象。下面介绍几种常用的对象选择方法。

(1)直接选择对象 光标变为一个正方形的拾取框后,在要选择的对象上单击,对象呈虚线醒目显示,这称为拾取对象,为直接选择对象的方法。

(2)窗口(W)方式 通过绘制一个矩形区域来选择对象。当指定了矩形窗口的两个对角点时,只有全部位于窗口内的对象才能被选中。窗口以细实线表示。

（3）窗交（C）方式　与窗口方式类似，但全部位于窗口内或与窗口相交的对象都将被选中，且窗口以虚线表示。

（4）框（BOX）方式　由窗口方式和窗交方式组合的一个单独选项，光标向左拾取对角点时为窗交方式；光标向右拾取对角点时为窗口方式。

进入选择对象状态后，AutoCAD将持续提示"选择对象"，要结束此命令，按回车键或空格键。

知识点5　对象的删除（Erase）

1. 功能

删除在绘图区域中不需要的图形对象。

2. 调用命令的方式

- 菜单命令："修改"→"删除"
- 键盘命令：Erase 或 E
- 工具栏："修改"工具栏→"删除"

3. 操作步骤

输入命令后，选取要删除的对象，再回车或右击鼠标。也可按如下操作删除对象。

（1）在未激活任何命令的状态下选择需删除的对象，然后按键盘上的"Delete"键。

（2）在未激活任何命令的状态下选择需删除的对象，然后按鼠标右键，在弹出的快捷菜单中选择"删除"选项。

知识点6　直线的绘制

1. 功能

绘制二维或三维直线段。

2. 调用命令的方式

- 工具栏："绘图"工具栏→"直线"
- 菜单命令："绘图"→"直线"
- 键盘命令：Line 或 L

3. 操作步骤

如图 2-18 所示以梯形的绘制为例，其操作步骤如下。

命令：_line指定第一点：　（拾取线段的起点 A）

指定下一点或［放弃（U）］：　（拾取线段的端点 B）

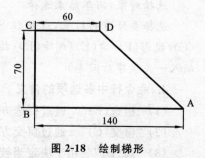

图 2-18　绘制梯形

指定下一点或[放弃(U)]：　　　　　　（拾取线段的另一端点 C）

指定下一点或[闭合(C)/放弃(U)]：　　　（拾取线段的另一端点 D）

指定下一点或[闭合(C)/放弃(U)]：c　（闭合图形）

4. 命令行中各选项的含义

(1)"指定第一点"　用户需输入线段的起始点,若此时按回车键或空格键,AutoCAD 将以上次绘制的直线的端点为新直线的起点,或以圆弧的终点作为新直线的起点,且新直线与圆弧相切。

(2)"指定下一点"　要求用户输入线段的端点,输入后按回车键或空格键,则继续提示输入下一端点。若在该提示下直接按回车键或空格键,则直线命令结束。

(3)"放弃(U)"　将删除上一条线段,但不退出直线命令,多次输入"U",则会删除多条线段。

(4)"闭合(C)"　使连续的折线首尾自动封闭,并结束命令。此选项必须在同一直线命令中输入三个点后才会出现。

知识点 7　修剪对象(Trim)

1. 功能

可以便捷地利用边界对图形实体进行精确修剪。

2. 调用命令的方式

- 菜单命令:"修改"→"修剪"
- 工具栏:"修改"→"修剪"
- 键盘命令:Trim 或 TR

3. 操作步骤

命令:_trim　　（启动"修剪"命令）

当前设置:投影＝UCS,边＝无

选择剪切边...

选择对象或＜全部选择＞：（选择作为剪切边的对象,或回车选择所有图形对象）

选择对象:回车结束选择

选择要修剪的对象,或按住 Shift 键选择要延伸的对象,或[栏选(F)/窗交(C)/投影(P)/边(E)/删除(R)/放弃(U)]:(拾取或用窗口选择被修剪的对象或输入一关键字后回车)

4. 命令行中各选项的含义

(1)"栏选(F)"　通过栏选方式选择对象。

(2)"窗交(C)"　通过窗交方式选择多个对象。

(3)"边(E)"　用于决定当被修剪对象与剪切边不相交,但和剪切边的延长线相交时是否修剪。

命令行提示如下。

[栏选(F)/窗交(C)/投影(P)/边(E)/删除(R)/放弃(U)]:e

(设置"边(E)"方式)

输入隐含边延伸模式[延伸(E)/不延伸(N)]<不延伸>:e

(设置为延伸方式)

(4)"延伸(E)" 如果剪切边太短,没有与被剪切对象相交,AutoCAD 假设将剪切边延长,然后执行修剪操作。在 AutoCAD 2010 中默认为"延伸(E)"方式,绘图时,可不必改变参数,直接进行操作(见图 2-19)。

(5)"不延伸(N)" 只有当剪切边与被剪切对象实际相交,才进行剪切。

(6)"删除(R)" 在不中断修剪命令的情况下,进行对象的删除操作。

命令行提示如下。

选择要删除的对象或<退出>:

选择要删除的对象:

(7)"放弃(U)" 撤销最近一次修剪,恢复被剪掉的对象。

在普通模式下修剪对象,必须首先选择剪切边界,然后再选择被修剪的对象,且两者必须相交。如图 2-20 所示,以圆 A、B 为边界修剪圆 C 的上半部分。

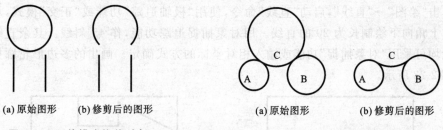

(a) 原始图形　(b) 修剪后的图形

图 2-19　延伸模式修剪对象

(a) 原始图形　　　(b) 修剪后的图形

图 2-20　普通模式修剪对象

如果剪切边界与被修剪的对象实际不相交,但剪切边界的延长线与被修剪对象有交点,则可以采用延伸模式修剪。如图 2-19 所示,以两条直线为边界修剪圆到隐含的交点处。

任务2　复杂直线图形的绘制

本任务以绘制如图 2-21 所示的直线图形为例,介绍矩形、圆复制、图层等命令。绘图过程如下。

(1)设置绘图环境,操作过程略。

(2)利用"图层"命令,创建绘图常用的"粗实线"、"细实线"、"点画线"、"虚线"等图层。单击"图层"工具栏中"图层"下拉箭头,选择"粗实线"图层,利用"矩

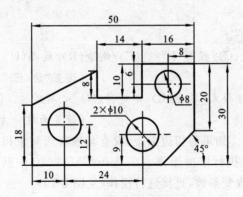

图 2-21 复杂直线图形绘制（一）

形"命令,绘制长为 50,宽为 30 的矩形,如图 2-22 所示。操作步骤如下。

命令:_rectang　　　　　　　　　　（启动"矩形"命令）

指定第一个角点或[倒角(C)/标高(E)/圆角(F)/厚度(T)/宽度(W)]:

　　　　　　　　　　　　　　　　　（指定第一个角点）

指定另一个角点或[面积(A)/尺寸(D)/旋转(R)]:@50,30

　　　　　　　　　　　　　　　　　（指定另一个角点）

（3）打开"正交"模式,启用"对象捕捉",设置捕捉对象为交点、端点和圆心。单击"绘图"→"直线",启动"直线"命令,使用"极轴追踪"功能或"正交"模式,从右上角向下绘制长为 20 的直线。用对象捕捉追踪功能,作 45°斜线。其余直线段均可采用"对象捕捉"功能或输入相对坐标的方式确定。画出的多边形轮廓如图 2-23 所示。

　　　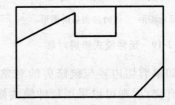

图 2-22 复杂直线图形绘制（二）　　　图 2-23 复杂直线图形绘制（三）

（4）利用"修剪"命令,修剪多余部分,操作过程略。修剪后的多边形如图 2-24 所示。

（5）单击"图层"工具栏中"图层"下拉箭头,选择"点画线"图层。根据三个圆的定位尺寸,用"偏移"命令作出中心线,如图 2-25 所示。

（6）利用"圆"命令分别作出 $\phi 8$ 和 $\phi 10$ 的圆,以及用于修剪中心线的圆 $\phi 12$ 和 $\phi 14$,如图 2-26 所示。

（7）用"复制"命令分别复制 $\phi 10$ 和 $\phi 14$ 的圆,如图 2-27 所示。操作步骤如下。

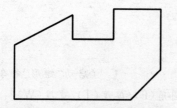

图 2-24　复杂直线图形绘制(四)

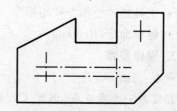

图 2-25　复杂直线图形绘制(五)

命令:_copy　　　　　　　　　　　(启动"复制"命令)

选择对象:找到 1 个　　　　　　　　(拾取 φ10)

选择对象:找到 1 个,总计 2 个

指定基点或[位移(D)/模式(O)]<位移>:(指定 φ10 的圆心作为基点)

指定第二个点或<使用第一点作为位移>:(指定第三圆的圆心作为第二点)

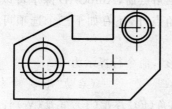

图 2-26　复杂直线图形绘制(六)

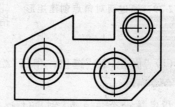

图 2-27　复杂直线图形绘制(七)

(8) 用"修剪"命令修剪中心线,删除三个作为修剪边界的圆,如图 2-28 所示。

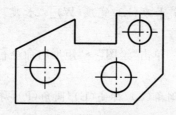

图 2-28　复杂直线图形绘制(八)

(9) 保存图形文件。

知识点 1　矩形的绘制(Rectang)

1. 功能

通过指定长度、宽度、面积和旋转参数创建矩形,在创建的同时,还可以控制矩形的类型(如圆角、倒角或直角等)。AutoCAD 中将矩形作为一个整体来处理。

2. 调用命令的方式

• 菜单命令:"绘图"→"矩形"

- 工具栏:"绘图"→"矩形"
- 键盘命令:Rectang

3. 操作步骤

命令:_rectang   (启动"矩形"命令)

指定第一个角点或[倒角(C)/标高(E)/圆角(F)/厚度(T)/宽度(W)]:

(指定第一个角点)

指定另一个角点或[面积(A)/尺寸(D)/旋转(R)]:   (指定另一个角点)

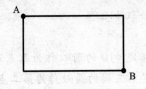

图2-29 通过两对角点创建矩形

4. 命令行中各选项的含义

1) 指定角点

通过指定两个角点来确定矩形的大小和位置,这是默认绘制矩形的方法,如图2-29所示。在指定第一个角点后,AutoCAD除了可以直接指定第二个角点外,还有如下三个选项可供选择。

(1)"面积(A)"选项 单击"绘图"→"矩形",命令行提示为

命令:rectang   (启动"矩形"命令)

指定第一个角点或[倒角(C)/标高(E)/圆角(F)/厚度(T)/宽度(W)]:

(指定第一个角点)

指定另一个角点或[面积(A)/尺寸(D)/旋转(R)]:a   (选择"面积")

输入以当前单位计算的矩形面积: (给定矩形面积)

计算矩形标注时依据[长度(L)/宽度(W)]<长度>:l(已知矩形的长度)

输入矩形长度: (给定矩形的长度)

(2)"尺寸(D)"选项 单击"绘图"→"矩形",命令行提示为

命令:rectang   (启动"矩形"命令)

指定第一个角点或[倒角(C)/标高(E)/圆角(F)/厚度(T)/宽度(W)]:

(指定第一个角点)

指定另一个角点或[面积(A)/尺寸(D)/旋转(R)]:d   (选择"尺寸")

指定矩形的长度: (给定矩形的长度)

指定矩形的宽度: (给定矩形的宽度)

(3)"旋转(R)"选项 单击"绘图"→"矩形",命令行提示为

命令:rectang   (启动"矩形"命令)

指定第一个角点或[倒角(C)/标高(E)/圆角(F)/厚度(T)/宽度(W)]:

(指定第一个角点)

指定另一个角点或[面积(A)/尺寸(D)/旋转(R)]:r   (选择"旋转")

指定旋转角度或[拾取点(P)]<0>:   (指定旋转角度)

2)"倒角（C）"和"圆角（F）"选项

需要绘制带倒角或圆角的矩形时，不须等矩形绘制完后再进行有关处理。倒角、圆角的操作方法类似，按相应提示进行操作即可，以后会详细讲解，此处从略。

3)"标高（E）"和"厚度（T）"选项

指定矩形的平面高度及给定矩形的厚度，用于三维绘图。

4)"宽度（W）"选项

按给定的线宽绘制矩形。

知识点 2　圆的绘制（Circle）

1. 功能

在指定位置绘制圆。

2. 调用命令的方式

* 菜单命令："绘图"→"圆"
* 工具栏："绘图"→"圆"
* 键盘命令：Circle 或 C

3. 操作步骤

单击"绘图"→"圆"，打开如图 2-30 所示子菜单，选择"圆心、半径（R）"命令行主提示为

命令：_circle 指定圆的圆心或[三点（3P）/两点（2P）/相切、相切、半径（T）]：

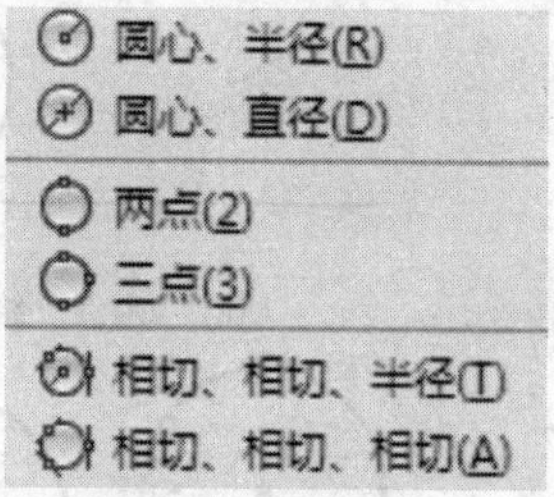

AutoCAD 2010 中提供了六种绘制圆的方法。

（1）"圆心、半径（R）"　通过指定圆心后，输入圆的半径绘制圆。命令行提示为

指定圆的半径或[直径（D）]：　　　　　　（输入半径值）

（2）"圆心、直径（D）"　通过指定圆心和圆的直径绘制圆，这种方法与第一种方法相同，只是输入的数值为圆的直径。命令行提示为

指定圆的半径或[直径（D）]:d

指定圆的直径：　　　　　　　　　　　　（输入直径值）

（3）"两点（2）"　通过两个点确定一个圆，两点间的距离即为圆的直径，如图 2-31（a）所示。

对主提示输入"2p"后回车，命令行提示为

指定圆直径的第一个端点：　　　　　　　（指定一点）

指定圆直径的第二个端点：　　　　　　　（指定另一点）

（4）"三点（3）"　通过指定圆周上的任意三个点绘制一个圆，如图 2-31（b）所示。

图 2-30　绘制圆下拉菜单

◎ 圆心、半径（R）
◎ 圆心、直径（D）

○ 两点（2）
○ 三点（3）

◎ 相切、相切、半径（T）
◎ 相切、相切、相切（A）

对主提示输入"3p"后回车,命令行提示为

指定圆上的第一个点:　　　　　　　　　　　（指定一点）

指定圆上的第二个点:　　　　　　　　　　　（指定另一点）

指定圆上的第三个点:　　　　　　　　　　　（指定第三点）

（5）"相切、相切、半径（T）"　指定与两个已存在的对象（可以是直线、圆或圆弧）相切,并给定圆的半径,绘制圆,如图 2-31（c）所示。

命令行提示为

指定圆的圆心或［三点（3P）/两点（2P）/切点、切点、半径（T）］:t

指定对象与圆的第一个切点:　　　　　（用光标拾取圆、圆弧或直线）

指定对象与圆的第二个切点:　　　　　（用光标拾取圆、圆弧或直线）

指定圆的半径<当前值>:　　　　　　　　（输入半径值）

（6）"相切、相切、相切（A）"　通过指定三个相切对象画圆,调用该方式只能使用菜单命令。如图 2-31（d）所示,中间的圆分别与两个圆和一条直线相切,切点分别为 A、B、C。

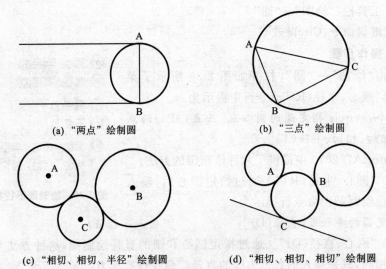

(a) "两点"绘制圆　　　　　　　　(b) "三点"绘制圆

(c) "相切、相切、半径"绘制圆　　　　(d) "相切、相切、相切"绘制圆

图 2-31　四种绘制圆的方法

知识点 3　复制对象（Copy）

1. 功能

将指定对象复制到指定位置。可作一次或多次复制,对象的大小、方向不变,原图保留,如图 2-32 所示。

2. 调用命令的方式

* 菜单命令:"修改"→"复制"
* 工具栏:"修改"→"复制"

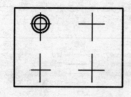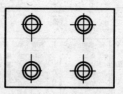

图 2-32　复制对象

- 键盘命令:Copy、CO 或 CP

3. 操作步骤

命令:_copy　　　　　(启动"复制"命令)

选择对象:　　　　　(用任何方式选择对象)

选择对象:　　　　　(回车结束选择对象)

指定基点或[位移(D)/模式(O)]<位移>:

　　　　　　　　(输入一点作为基点或键入 d 后回车或直接回车)

4. 命令行中各选项的含义

(1)"指定基点"复制对象　该方式先指定基点,随后指定第二点,以输入的两个点来完成复制。指定基点后,命令行提示为

　　指定第二个点或<使用第一点作为位移>:　(输入坐标,指定一点作为第二点)

　　指定第二个点或[退出(E)/放弃(U)]<退出>:

(2)"指定位移(D)"复制对象　该方式为复制命令的默认选项,可直接输入被复制对象的位移(相对距离)。命令行提示为

　　指定基点或[位移(D)/模式(O)]<位移>:　(键入 d 后回车或直接回车)

　　指定位移<0.0000,0.0000,0.0000>:　(输入一个点或一段距离)

知识点 4　图层的使用

与手工绘图相比,计算机绘图的一个重要优势是图层的运用。图层犹如一张张重叠的透明图样,将不同性质的对象分别放在不同的图层上,用户可以通过控制图层快速而有效地显示和编辑图形。

1. 图层的创建和控制

1) 调用"图层"命令的方式

- 工具栏:"图层"
- 菜单命令:"格式"→"图层"
- 键盘命令:Layer 或 LA

启动图层命令后,弹出如图 2-33 所示的"图层特性管理器"对话框。该对话框中列出了图层的名称及其特性和状态。AutoCAD 默认图层为"0"层。AutoCAD 所有关于图层的操作都在此对话框中完成。

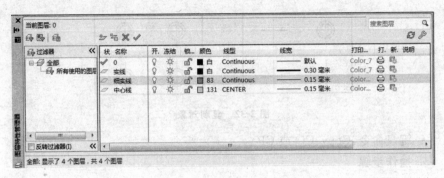

图 2-33　"图层特性管理器"对话框

2）新建图层

单击"图层特性管理器"的"新建图层"按钮，在对话框中就会显示新建的图层，默认名称为"图层"。根据当前在图层列表中光标选中的图层特性来设置新图层特性。

3）设置图层特性

通过点击不同的按钮，可以对不同的图层设置不同的颜色、线型及线宽，以符合国家标准。

（1）设置图层颜色　单击图层行上的颜色图标，弹出如图 2-34 所示的"选择颜色"对话框，选择所需颜色，确定即可。

（2）设置线宽　在"图层特性管理器"对话框中，图层列表的"线宽"列显示了与图层相关联的线宽，一般情况下图层线宽是"默认"。单击线宽列中的"默认"图标，打开"线宽"对话框，如图 2-35 所示，从中选择某个线宽值，单击"确定"按钮，则所选线宽就分配给了所选的图层。

图 2-34　"选择颜色"对话框

图 2-35　"线宽"对话框

（3）设置线型　单击"线型"列的线型名称，弹出如图 2-36 所示的"选择线型"对话框，可从"已加载的线型"列表中选择所需要的线型，然后单击"确定"按钮即可；若"已加载的线型"列表中没有所需线型，单击"加载"按钮，打开"加载或重载线型"对话框，该对话框列出了 AutoCAD 线型文件（acadiso.lin）中的所有线型，从中选择所需线型，单击"确定"按钮，所选线型就会列在"选择线型"对话框的"已加载的线型"列表中，以供选择。

图 2-36　"选择线型"对话框

提示：在加载了所需线型并返回到"选择线型"对话框后，用户必须单击"确定"按钮，才能将加载的线型设置到图层中。

4）控制图层状态

在"图层特性管理器"对话框中，AutoCAD 以不同的图标列出了图层的状态，如"打开/关闭"、"冻结/解冻"、"解锁/锁定"、"打印/不打印"等，如图 2-33 所示。通过单击相应图标，可以实现图层状态控制。

（1）图层的打开和关闭状态　单击图标，将关闭或打开某一图层。打开的图层可见、可打印；反之，关闭的图层不可见亦不可打印。

（2）图层的冻结和解冻状态　单击图标，将冻结或解冻某一图层。冻结某层，则该图层不可见，也不能打印。解冻的图层可见，可重生成，也可打印。冻结一些图层会加快图形的显示速度。

（3）图层的解锁和锁定状态　单击图标，将锁定或解锁某一图层。被锁定的图层可见，图层上的对象不能被编辑，但可以被选择。将锁定的图层解锁，允许编辑该图层。当前图层可以被锁定，并能向锁定的当前图层输入图形。

（4）图层的打印和不打印　单击图标，可设定图层是否打印。指定不打印某图层后，在打印图形时，该图层上的对象不会被打印，但屏幕仍显示该图层图形。图层的不打印设置，仅对图样中可见图层（图层为打开且解冻）有效。若图层设置为可打印，但该图层是冻结或关闭的，则不会打印此图层。

5）设置当前图层

用户可根据需要设置多个图层，但在绘制对象时只能在某一个图层中进行，这个图层就是当前图层。单击"图层特性管理器"的"置为当前"按钮，可设置选择的图层为当前图层。

6）绘制机械图样的图层设置

机械图样的线型种类和线宽有自己的标准，为在 AutoCAD 中绘制相对规范的机械图样，建议设置如表 2-2 所示的图层及其线型和线宽特性。

表 2-2　绘制机械图样的图层及其特性设置

图层名	线型名	线条样式	线 宽	用 途
粗实线	Continuous	粗实线	0.3 mm	可见轮廓线、可见过渡线
细实线	Continuous	细实线	默认	波浪线、剖面线等
尺寸线	Continuous	细实线	默认	尺寸线和尺寸界线
文字	Continuous	细实线	默认	文字
点画线	Center	点画线	默认	对称中心线、轴线
虚线	Dashed	虚线	默认	不可见轮廓线、不可见过渡线
双点画线	Phantom	双点画线	默认	假想线

2. 对象特性的设置

对象特性是指对象的颜色、线型、线宽和打印样式。可通过"对象特性"工具栏来显示、查看和改变对象的这些特性。"对象特性"工具栏有四个下拉列表，如图 2-37 所示，分别控制着如下四种特性。

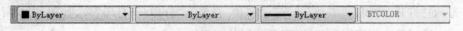

图 2-37　"对象特性"工具栏

（1）"颜色控制"：可查看、改变选定对象的当前颜色或设置当前颜色。

（2）"线型控制"：可查看、改变选定对象的线型或设置当前线型，加载所需要的线型。

（3）"线宽控制"：可查看、改变选定对象的当前线宽或设置当前线宽。

（4）"打印样式控制"：可查看、改变选定对象的当前打印样式或设置当前打印样式。

提示：为便于对图形对象的统一分类控制和使用，无特殊需要时，"对象特性"工具栏的设置都采用 AutoCAD 默认的"随层（Bylayer）"设置。

任务 3　组合图形的绘制

本任务以绘制如图 2-38 所示组合图形为例，介绍"正多边形"、"偏移"、"椭圆"、"旋转"、"夹点编辑"等命令。绘图过程如下。

（1）设置图形界限。根据图形尺寸，将图形界限的两个点分别设为（0,0）和（120,80）。执行"缩放"命令的"全部（A）"选项，显示图形界限。

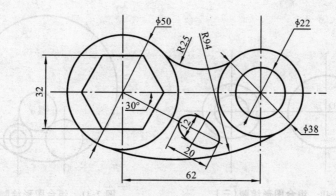

图 2-38 组合图形绘制(一)

(2)利用"图层"命令,创建绘图常用的"粗实线"、"细实线"、"点画线"、"虚线"等图层。

(3)打开正交模式,用"直线"命令绘制 φ50 圆的对称中心线。单击"图层"工具栏中"图层"下拉箭头,选择"点画线"图层;单击状态栏上的"正交",打开正交状态;利用"直线"命令绘制垂直中心线。

(4)用"偏移"命令将垂直中心线向右偏移 62,作出直径为 φ22 和 φ38 的圆的对称中心线。单击"修改"→"偏移",将垂直中心线向右方偏移,复制一条垂直中心线,如图 2-39 所示。操作步骤如下。

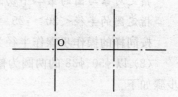

图 2-39 组合图形绘制(二)

键盘命令:_offset (启动"偏移"命令)

指定偏移距离或[通过(T)/删除(E)/图层(L)]:(输入 62 后回车)

选择要偏移的对象或[退出(E)/放弃(U)]<退出>:(选定过 O 点的垂直中心线)

指定要偏移的那一侧上的点或[退出(E)/多个(M)/放弃(U)]:(在垂直中心线右侧单击)

(5)设置对象捕捉。右击状态栏上的"对象捕捉",选择"设置"→"对象捕捉",设置捕捉模式为圆心、交点和端点。

(6)单击"图层"工具栏中"图层"下拉箭头,选择"粗实线"图层,利用交点捕捉功能捕捉水平中心线与垂直中心线的交点,绘制如图 2-40 所示的直径为 φ50、φ22 和 φ38 的圆。

单击"绘图"→"圆",操作步骤如下。

命令:circle

指定圆的圆心或[三点(3P)/两点(2P)/切点、切点、半径(T)]:(指定 O 点)

指定圆的半径或[直径(D)]<17.0000>: (输入 25)

(7)用"相切、相切、半径(T)"方式绘制半径为 R94、R25 的圆,如图 2-41 所

43

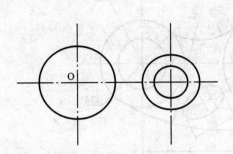

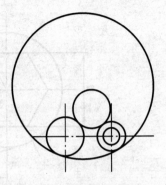

图 2-40　组合图形绘制(三)　　　图 2-41　组合图形绘制(四)

示。

单击"绘图"→"圆",操作步骤如下。

命令:_circle

指定圆的圆心或[三点(3P)/两点(2P)/相切、相切、半径(T)]:t

指定对象与圆的第一个切点:　　　　(用光标拾取 φ50 圆上的切点)

指定对象与圆的第二个切点:　　　　(用光标拾取 φ38 圆上的切点)

指定圆的半径<20>:25　　　　　(输入连接圆弧的半径 25)

按同样的操作步骤作半径为 R94 的圆。

(8) 以 φ50、φ38 的两圆为修剪边界,剪掉多余的圆弧,如图 2-42 所示。操作步骤如下。

命令:trim　　　　　　　　　(启动"修剪"命令)

当前设置:投影=UCS,边=无

选择剪切边…

选择对象或全部选择:　　　　　(选择所有图形对象后回车)

选择要修剪的对象,或按住 Shift 键选择要延伸的对象,或

[栏选(F)/窗交(C)/投影(P)/边(E)/删除(R)/放弃(U)]:(拾取被修剪的圆弧后回车)

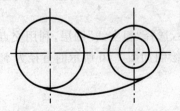

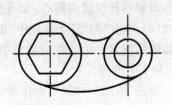

图 2-42　组合图形绘制(五)　　　图 2-43　组合图形绘制(六)

(9) 绘制正六边形,如图 2-43 所示。操作步骤如下。

命令:Polygon

输入边的数目＜4＞:6　　　　　　　　　　　　（输入多边形的边数）

指定正多边形的中心点或［边(E)］:　　　　　　（指定圆心为中心点）

输入选项［内接于圆(I)/外切于圆(C)］＜I＞:c　（外切于圆方式）

指定圆的半径:16　　　　　　　　　　　　　　（输入圆的半径）

(10) 绘制椭圆并旋转,如图 2-44 所示。

① 单击"绘图"→"椭圆",操作步骤如下。

命令:_ellipse　　　　　　　　　　　　　　　（启动"椭圆"命令）

指定椭圆的轴端点或［圆弧(A)/中心点(C)］:c　（指定中心点参数）

指定椭圆的中心点:　　　　　　　　　　　　　（捕捉椭圆的中心点）

指定轴的端点:10　　　　　　　　　　　　　　（水平向右追踪）

指定另一条半轴的长度或［旋转(R)］:6　　　　（垂直向上追踪）

② "修改"→"旋转",操作步骤如下。

命令:_rotate

UCS 当前的正角方向:ANGDIR＝逆时针 ANGBASE＝0

选择对象:

指定基点:

指定旋转角度或［复制(C)/参照(R)］＜0＞:－30

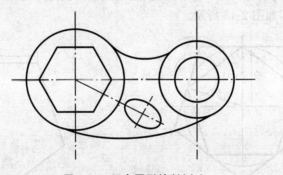

图 2-44　组合图形绘制(七)

(11) 通过"夹点编辑"中的拉伸功能来调整中心线的位置。操作步骤如下。

＊＊拉伸＊＊

指定拉伸点或［基点(B)/复制(C)/放弃(U)/退出(X)］:(拉伸中心线至合适位置,单击确定)

(12) 保存图形文件。

知识点 1　正多边形的绘制（Polygon）

1. 功能

绘制边数为 3～1024 的正多边形。

2. 调用命令的方式

- 菜单命令:"绘图"→"正多边形"
- 工具栏:"绘图"→"正多边形"
- 键盘命令:Polygon

3. 操作步骤

命令:_polygon 输入边的数目<4>:

指定正多边形的中心点或[边(E)]:　　　　　(指定多边形的中心)

输入选项[内接于圆(I)/外切于圆(C)]<I>:(指定内接或外切的方式)

4. 命令行中各选项的含义

(1)"内接于圆(I)"　当已知正多边形的中心到顶点的距离时,可使用此方法进行绘制,如图 2-45 所示。

单击"绘图"→"正多边形",命令行提示为

命令:_polygon 输入边的数目<4>:5　　　　(输入多边形的边数)

指定正多边形的中心点或[边(E)]:　　　　(指定正多边形的中心点)

输入选项[内接于圆(I)/外切于圆(C)]<I>:i (正多边形内接于圆)

指定圆的半径:　　　　　　　　　　　　　(输入圆的半径)

(2)"外切于圆(C)"　当已知正多边形的中心到边中点的距离时,可使用此方法进行绘制,如图 2-45 所示。

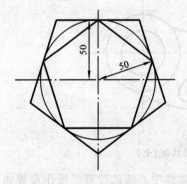
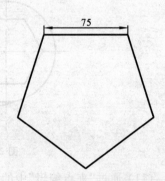

图 2-45　半径为 50 的内接和外切正五边形　　　图 2-46　边长为 75 的正五边形

(3)"边长(E)"　若已知正多边形的边长,可使用此方法进行绘制,如图2-46所示。

单击"绘图"→"正多边形",命令行提示为

命令:_polygon 输入边的数目<4>:5　(输入多边形的边数)

指定正多边形的中心点或[边(E)]:e　(选择根据边来绘制正多边形)

指定边的第一个端点:　　　　　　　(输入一点)

指定边的第二个端点:　　　　　　　(输入一点,以此两点间距作为边长

来绘制正多边形)

知识点 2　偏移图形(Offset)

1. 功能

将现有对象平移指定的距离,创建一个与原对象类似的实体,可用来绘制同心圆、平行线和平行曲线等。

2. 调用命令的方式

- 工具栏:"修改"工具栏→"偏移"
- 菜单命令:"修改"→"偏移"
- 键盘命令:Offset 或 O

3. 操作步骤

命令:_offset　　　(启动"偏移"命令)

指定偏移距离或[通过(T)/删除(E)/图层(L)]:

　　　　　　(输入一个偏移值或直接回车或输入一个关键字后回车)

4. 指定偏移的方法

(1)"指定偏移距离"　通过给定一个具体的数值,再选择偏移对象和偏移方向,如图 2-47 所示。命令行提示为

选择要偏移的对象,或[退出(E)/放弃(U)]<退出>:(拾取一个偏移对象或直接回车或输入一个关键字后回车)

指定要偏移的那一侧上的点,或[退出(E)/多个(M)/放弃(U)]:　(单击拾取的偏移对象或直接回车或输入一个关键字后回车)

选择要偏移的对象或[退出(E)/放弃(U)]<退出>:　(回车退出)

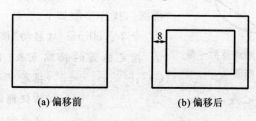

(a) 偏移前　　　　　　**(b) 偏移后**

图 2-47　偏移对象示例

(2)"通过(T)"　绘制已知直线的平行线时,如果两直线间的距离没有给出,就不能使用第一种方式。在执行"偏移"命令后,选择"通过(T)"参数,能快捷地完成平行线的绘制。命令行提示为

指定偏移距离或[通过(T)/删除(E)/图层(L)]:t　　　　(选择"通过")

选择要偏移的对象或[退出(E)/放弃(U)]<退出>:　　　　(选择偏移对象)

指定通过点或[退出(E)/多个(M)/放弃(U)]<退出>:　　　(指定通过点)

选择要偏移的对象或[退出(E)/放弃(U)]<退出>:　　　　(回车退出)

知识点3 椭圆的绘制(Ellipse)

1. 功能

绘制椭圆和椭圆弧。

2. 调用命令的方式

- 菜单命令:"绘图"→"椭圆"
- 工具栏:"绘图"→"椭圆"
- 键盘命令:Ellipse

3. 操作步骤

命令:_ellipse   (启动"椭圆"命令)

指定椭圆的轴端点或[圆弧(A)/中心点(C)]:

4. 椭圆的两种画法

(1) 指定椭圆的轴端点 要求确定一条轴的两个端点及另一条轴的半轴长。单击"绘图"→"椭圆",操作步骤如下。

命令:_ellipse   (启动"椭圆"命令)

指定椭圆的轴端点或[圆弧(A)/中心点(C)]:(捕捉A作为一个端点)

指定轴的另一个端点: (捕捉B作为另一个端点)

指定另一条半轴长度或[旋转(R)]:   (捕捉椭圆另一条轴的半轴长)

所画椭圆如图2-48所示。

(2) 指定椭圆的中心点(C) 要求指定椭圆的中心点及长、短轴的端点。单击"绘图"→"椭圆",操作步骤如下。

命令:_ellipse (启动"椭圆"命令)

指定椭圆的轴端点或[圆弧(A)/中心点(C)]:c (指定中心点参数)

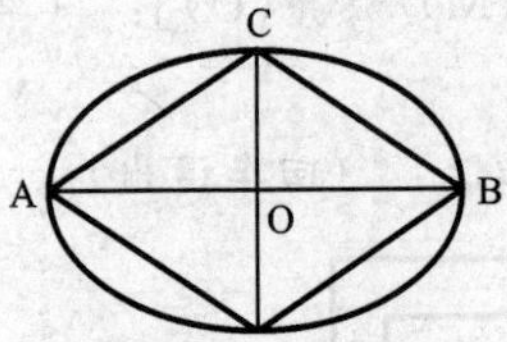

图2-48 根据两个端点及另一条半轴绘制椭圆

指定椭圆的中心点: (捕捉椭圆的中心点O)

指定轴的端点: (水平向右追踪B点)

指定另一条半轴的长度或[旋转(R)] (垂直向上追踪C点)

所画椭圆如图2-48所示。

5. 绘制椭圆弧

在绘制椭圆时选择"圆弧(A)",则可绘制椭圆的一部分,即椭圆弧。单击"绘图"→"椭圆",操作步骤如下。

命令:_ellipse   (启动"椭圆"命令)

指定椭圆的轴端点或[圆弧(A)/中心点(C)]:a (选择"圆弧"选项)

指定椭圆弧的轴端点或[中心点(C)]:c   (指定中心点参数)

指定椭圆弧的中心点: (拾取中心线交点)

指定轴的端点：　　（捕捉椭圆的另一个端点）

指定另一条半轴长度或[旋转(R)]：

（捕捉椭圆另一条半轴的长度）

指定起始角度或[参数(P)]：0

（给定椭圆弧的起始角度）

指定终止角度或[参数(P)/包含角度(I)]：270

（给定椭圆弧的终止角度）

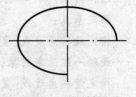

图 2-49　绘制椭圆弧

所画椭圆弧如图 2-49 所示。

知识点 4　旋转命令(Rotate)

1. 功能

将选定对象绕指定中心点旋转，如图 2-50 所示。

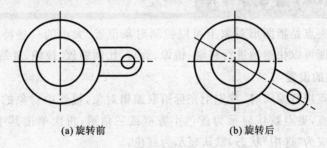

(a) 旋转前　　　　　　　　　　(b) 旋转后

图 2-50　指定角度旋转对象

2. 调用命令的方式

- 菜单命令："修改"→"旋转"
- 工具栏："修改"→"旋转"
- 键盘命令：Rotate 或 Ro

3. 操作步骤

命令：_rotate

UCS 当前的正角方向：ANGDIR＝逆时针　ANGBASE＝0

选择对象：

指定基点：

指定旋转角度或[复制(C)/参照(R)]＜0＞：

4. 命令行中各选项的含义

(1)"指定旋转角度"　指定旋转基点并输入绝对旋转角度来旋转对象。角度为正，对象逆时针旋转；角度为负，对象顺时针旋转。

(2)"复制(C)"　保留原对象，实现原对象的复制旋转。命令行提示为

命令：_rotate　　　　　　　　　　　　　　（启动"旋转"命令）

UCS 当前的正角方向：ANGDIR＝逆时针　ANGBASE＝0　（系统提示）

选择对象：　　　　　　　　　　　（选择旋转对象）

指定基点：

指定旋转角度或[复制(C)/参照(R)]<0>:c　（选择复制方式）

旋转一组选定对象。

指定旋转角度或[复制(C)/参照(R)]<0>:　（输入旋转角度，结束命令）

（3）"参照(R)"　以参考角度为基础进行旋转，可通过指定参照角度和新角度将对象从指定的角度旋转到新的绝对角度。命令行提示为

指定旋转角度或[复制(C)/参照(R)]<0>:r　（选择参照方式）

指定参照角<0>:　　　　　　　　　（捕捉第一点）

指定第二点：　　　　　　　　　　（捕捉第二点）

指定新角度或[点(P)]:　　　　　　（指定参照后的角度）

知识点 5　夹点编辑

对象的夹点是指图形对象上可以控制对象位置、大小的一些特殊点。利用夹点编辑功能可以快速地进行移动、镜像、旋转、比例缩放、拉伸、复制等操作。

1. 夹点的设置

使用夹点进行编辑时，首先用光标拾取编辑对象，被选中对象的特征点上就会显示出夹点，夹点默认显示为蓝色小方框或三角形；再次单击其中一个夹点，则这个夹点成为"选中"状态，默认显示为红色。

1）启动"选项"对话框设置夹点的方式

• 菜单命令："工具"→"选项"

• 键盘命令：Options 或 OP

启动后，在弹出的"选项"对话框中选择"选择集"选项卡，如图 2-51 所示。

图 2-51　"选项"对话框中的"选择集"选项卡

2) 选项卡中各选项的含义

(1)"夹点大小(Z)":用于控制 AutoCAD 夹点框的显示尺寸。

(2)"夹点":包含有三个选项组,均可在下拉列表框中进行选择。

①"未选中夹点颜色(U)":用于改变冷夹点颜色。

②"选中夹点颜色(C)":用于改变热夹点颜色。

③"悬停夹点颜色(R)":用于改变悬夹点颜色。

(3)"启用夹点(E)":用于启用、关闭夹点功能。

(4)"在块中启用夹点(B)":用于启用、关闭块的各组成对象的夹点功能。选中该选项,显示块中各对象的全部夹点和块中的插入点;关闭该选项,只显示块的插入点。

(5)"启用夹点提示(T)":当光标悬停在支持夹点提示的自定义对象的夹点上时,显示夹点的特性提示。该选项在标准 AutoCAD 对象上无效。

(6)"选择对象时限制显示的夹点数(M)":用于限制显示夹点的数目。当初始选择集包括多于指定数目的对象时,将不显示夹点。有效值的范围为 1～32767,默认设置为 100。如图 2-52 所示,直线段的夹点是两个端点和中点;圆弧段的夹点是两个端点、中点和圆心;圆的夹点是圆心和四个象限点;椭圆的夹点是椭圆心和椭圆长、短轴的端点。

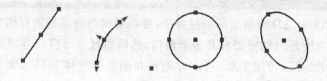

图 2-52　对象的夹点

2. 夹点的编辑

利用回车或空格键,可对被选中的夹点进行拉伸、移动、旋转、比例缩放、镜像五种编辑模式的操作。

1) 五种编辑模式的功能及操作步骤

(1)"拉伸":通过选中的夹点来拉伸对象。命令行提示为

＊＊拉伸＊＊

指定拉伸点或[基点(B)/复制(C)/放弃(U)/退出(X)]:

(2)"移动":将处于选中夹点状态的对象进行移动。命令行提示为

＊＊移动＊＊

指定移动点或[基点(B)/复制(C)/放弃(U)/退出(X)]:

(3)"旋转":将处于选中夹点状态的对象绕基点进行旋转。命令行提示为

＊＊旋转＊＊

指定旋转角度或[基点(B)/复制(C)/放弃(U)/参照(R)/退出(X)]:

（4）"比例缩放"：将处于选中夹点状态的对象进行放大或缩小。命令行提示为

＊＊比例缩放＊＊

指定比例因子或［基点（B）/复制（C）/放弃（U）/参照（R）/退出（X）］：

（5）"镜像"：将处于选中夹点状态的对象进行镜像。命令行提示为

＊＊镜像＊＊

指定第二点或［基点（B）/复制（C）/放弃（U）/退出（X）］：

2）各选项的含义

（1）"基点（B）"：系统默认的拉伸基点为光标拾取的夹点。如果需要改变默认基点为另外一点，则在提示下键入"B"，其后的命令行提示为

指定基点：（键入点的坐标或用鼠标在绘图区指定一点作为新基点）

（2）"复制（C）"：原对象保持不变，在拉伸或移动、旋转、缩放、镜像操作的同时进行多重复制。

（3）"放弃（U）"：撤销最近一次复制。

（4）"参照（R）"：指定参照转角和所需新转角。

（5）"退出（X）"：退出夹点编辑模式。

知识点 6　图形显示控制

在使用 AutoCAD 绘制图形的过程中，经常要对当前图形进行缩放、移动、刷新和重生成，有时还可能需要打开多个窗口，然后通过各个窗口观察图形的不同部分。使用图形显示控制工具，可以方便地在图形的整体和局部细节及不同图形之间切换，从而准确、高效地完成绘图。

1. 缩放命令（Zoom）

绘图时，有时需要放大图形，以便于进行局部细节的观察；有时又需要缩小图形，以观察图形的整体效果。使用缩放命令可实现对图形的放大和缩小。缩放时图形的实际尺寸并没有改变，只是在屏幕上的视觉尺寸发生了变化。

1）调用命令的方式

• 工具栏："标准"→"缩放"或缩放工具栏，如图 2-53 所示

• 菜单命令："视图"→"缩放"

• 键盘命令：Zoom 或 Z

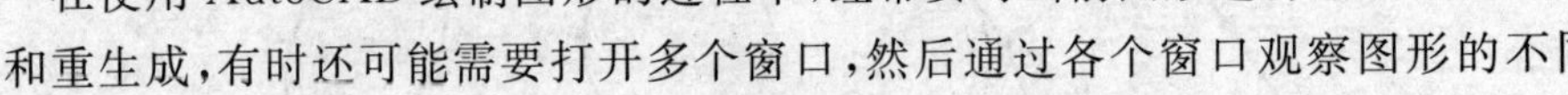

"标准"工具栏上的平移和缩放命令按钮

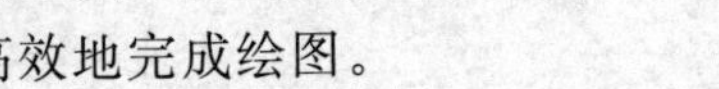

图 2-53　"缩放"工具栏

2）操作步骤

命令：zoom

指定窗口的角点，输入比例因子(nX 或 nXP)，或者

[全部(A)/中心(C)/动态(D)/范围(E)/上一个(P)/比例(S)/窗口(W)/对象(O)]＜实时＞：（按 Esc 或 Enter 键退出，或单击右键显示快捷菜单）

3）命令行中各选项的含义

(1)"全部(A)"：在绘图区域显示全部图形，图形显示的尺寸由图形界限与图形范围中尺寸较大者决定。

(2)"中心点(C)"：该命令将以指定的点为中心，在绘图窗口中显示图形，可对图形进行缩放。命令行提示如下。

[全部(A)/中心(C)/动态(D)/范围(E)/上一个(P)/比例(S)/窗口(W)/对象(O)]＜实时＞：c　　　　　（选择"中心(C)"方式）

指定中心点：　　　　　（指定一点或回车保持当前的中心点不变）

输入比例或高度＜　＞：　　　　　（输入一个值或直接回车）

如果在"输入比例或高度"提示后输入的数值后跟"×"，说明输入的数值代表放大率；如提示后只输入数值，说明输入的数值代表高度值。

(3)"动态(D)"：缩放显示在用户设定的视图框中的图形。视图框表示视口，可以改变其大小，或在图形中移动。可通过移动视图框或调整其大小，将其中的图像平移或缩放，以充满整个绘图窗口。运行动态命令后，在绘图窗口中出现一个中心有"×"记号的矩形框，为平移视图框，将其拖动到所需位置并单击，继而显示缩放视图框，位于矩形框中心的"×"记号将消失，而显示一个位于矩形框右边界的箭头标记"→"，此时拖动光标调整缩放视图框的大小然后按回车键进行缩放，或单击返回平移视图框。

(4)"范围(E)"：将所有图形最大限度地显示在绘图区域。

(5)"上一个(P)"：显示上一个视图。可连续使用该命令，最多可恢复到此前的第十个视图。

(6)"比例(S)"：以指定的比例因子缩放显示图形。

(7)"窗口(W)"：通过指定绘图区域的两个对角点，可以快速缩放图形中的某个矩形区域。

(8)"对象(O)"：在缩放时尽可能大地显示一个或多个选定的对象并使其位于绘图区域的中心。

(9)"实时"：通过向上或向下移动鼠标进行动态缩放。按住鼠标左键向上拖动，可以放大图形；向下拖动，则可缩小图形。此时，绘图窗口中的光标变成一个带"＋"和"－"的放大镜形状。

2. 平移命令(Pan)

用于在绘图区域中平移图形，以查看图形的各个部分。平移命令不改变当

前视图的大小。

1）调用命令的方式

- 菜单命令：“视图”→“平移”
- 键盘命令：Pan 或 P

2）操作步骤

命令：pan

按 Esc 或 Enter 键退出，或单击右键显示快捷菜单。

此时光标变为手形，按住鼠标左键可以拖动视图随光标向同一方向移动。

提示：按住鼠标滚轮并移动也可进行实时平移。

3. 鸟瞰视图（Dsviewer）

在绘制大型图形的过程中，常常要求在显示全部图形的窗口中快速平移和缩放图形。这时可以使用“鸟瞰视图”窗口快速修改当前视口中的视图。

1）调用命令的方式

- 菜单命令：“视图”→“鸟瞰视图”
- 键盘命令：Dsviewer

2）各菜单选项的含义

（1）“视图”菜单　通过放大、缩小图形或在“鸟瞰视图”窗口显示整个图形来改变“鸟瞰视图”的缩放比例。

①“放大”：以当前视图框为中心，放大两倍“鸟瞰视图”窗口中的图形显示比例。

②“缩小”：以当前视图框为中心，缩小一半“鸟瞰视图”窗口中的图形显示比例。

③“全局”：在“鸟瞰视图”窗口显示整幅图形和当前视图。

在“鸟瞰视图”窗口中显示整幅图形时，“缩小”菜单选项和按钮不可用。当视图几乎充满“鸟瞰视图”窗口时，“放大”菜单选项和按钮不可用。如果两种情况同时发生，例如使用 Zoom 命令的“范围”选项后，这两个选项将都不可用。所有菜单选项也可通过在“鸟瞰视图”窗口中单击鼠标右键后弹出的快捷菜单访问。

（2）“选项”菜单　切换图形的自动视口显示和动态更新。所有菜单选项也可通过在“鸟瞰视图”窗口中单击鼠标右键后弹出的快捷菜单访问。

①“自动视口”：当显示多重视口时，自动显示当前视口的模型空间视图。关闭“自动视口”时，将不更新“鸟瞰视图”窗口，以匹配当前视口。

②“动态更新”：编辑图形时更新“鸟瞰视图”窗口。关闭“动态更新”时，将不更新“鸟瞰视图”窗口，直到在“鸟瞰视图”窗口中单击。

③“实时缩放”：使用“鸟瞰视图”窗口进行缩放时，实时更新绘图区域。

4. 重画和重生成命令

1）重画命令

在绘图和编辑过程中，绘图区域常常会留下点标记，虽然它们不是图形中的对象，但会影响图形的浏览，或者当图形显示不完整时，重画命令能清除这些临时标记并刷新屏幕。调用命令的方式如下。

- 菜单命令："视图"→"重画"
- 键盘命令：Redrawall 或 R

2）重生成命令

用来重新计算所有对象的屏幕坐标并刷新当前视口，全部重生成命令用来重新生成图形并刷新所有视口。启动重生成命令的方法如下。

- 菜单命令："视图"→"重生成"或"全部重生成（A）"
- 键盘命令：Regen 或 RE，Regenall 或 REA（全部重生成）

如果使用重画命令后仍不能正确显示图形，则可调用重生成命令。重生成命令不仅刷新显示，而且更新所有图形对象的屏幕坐标，因此使用该命令通常可以准确地显示图形数据。如圆或圆弧放大后，有时呈多边形显示，使用重生成命令可使其光滑显示，如图 2-54 所示。

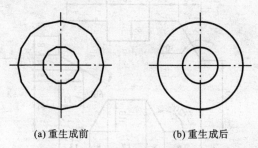

(a) 重生成前　　　　　　　　(b) 重生成后

图 2-54　重生成命令

项 目 总 结

掌握命令的键盘输入方式，熟记常用命令的缩写（如直线命令 Line 的缩写为"L"，圆命令 Circle 的缩写为"C"、圆弧命令 Arc 的缩写为"A"等）和功能键，尽量少用鼠标点击功能面板、工具条、下拉菜单等方式启动命令。

掌握基本的绘图和修改命令，能绘制简单的平面图形。绘制平面图形时，操作方法因人而异，但绘图时不要重复画线，否则会给编辑、打印图形带来麻烦。

熟练使用对象捕捉等辅助工具，精确绘制图形。学会利用夹点编辑功能快速地进行移动、镜像、旋转、比例缩放、拉伸、复制等操作。

注意图层的灵活使用，能对所有图层上的实体的可见性、颜色和线型进行全面地控制，以提高绘图速度。

思考与上机操作

（1）绘制如图 2-55 至图 2-66 所示图形（不需标注尺寸）。

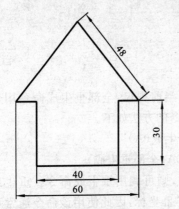

图 2-55　上机操作绘制图（一）

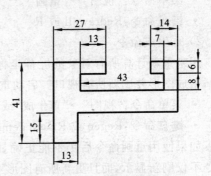

图 2-56　上机操作绘制图（二）

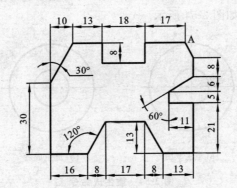

图 2-57　上机操作绘制图（三）

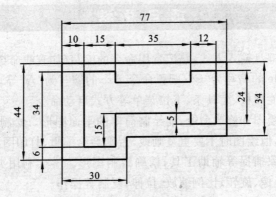

图 2-58　上机操作绘制图（四）

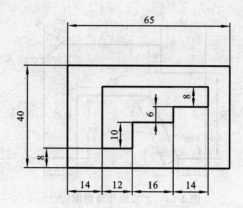

图 2-59　上机操作绘制图（五）

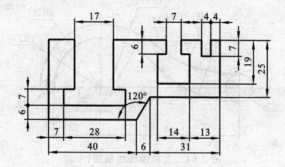

图 2-60　上机操作绘制图（六）

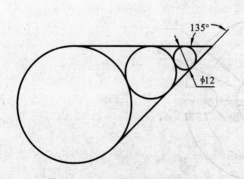

图 2-61　上机操作绘制图（七）

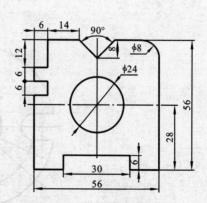

图 2-62　上机操作绘制图（八）

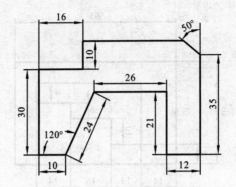

图 2-63　上机操作绘制图(九)

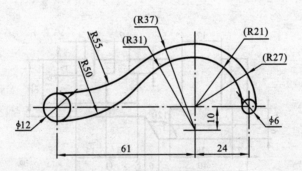

图 2-64　上机操作绘制图(十)

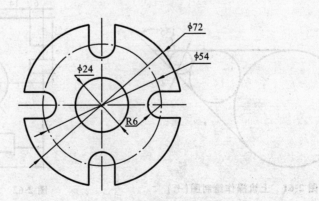

图 2-65　上机操作绘制图(十一)

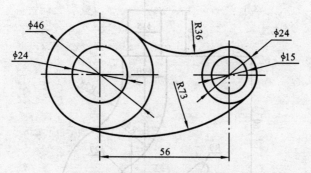

图 2-66 上机操作绘制图(十二)

（2）绘制如图 2-67 至图 2-78 所示图形（不需标注尺寸）。

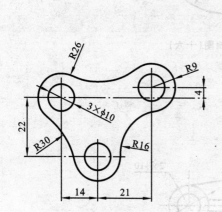

图 2-67 上机操作绘制图(十三)

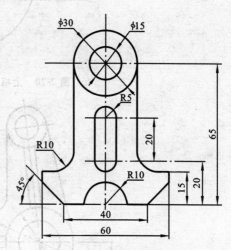

图 2-68 上机操作绘制图(十四)

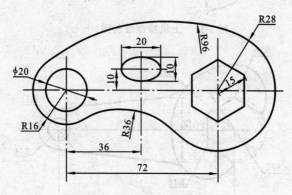

图 2-69 上机操作绘制图(十五)

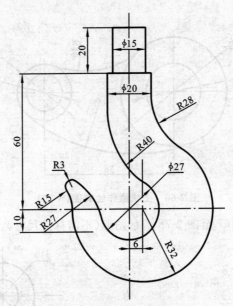

图 2-70　上机操作绘制图（十六）

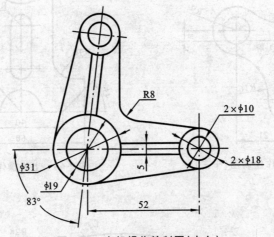

图 2-71　上机操作绘制图（十七）

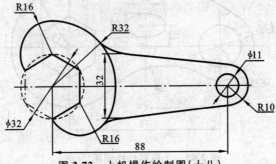

图 2-72　上机操作绘制图（十八）

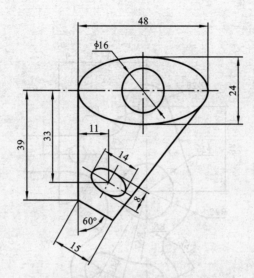

图 2-73　上机操作绘制图(十九)

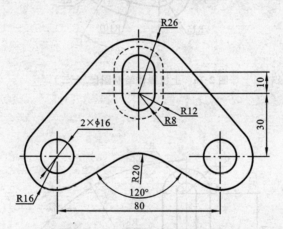

图 2-74　上机操作绘制图(二十)

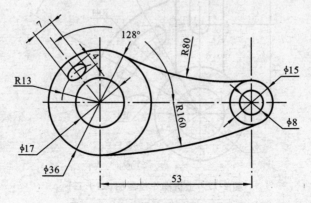

图 2-75　上机操作绘制图(二十一)

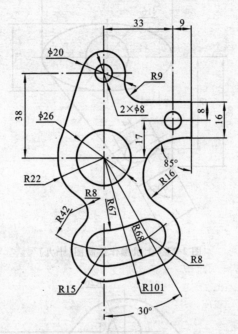

图 2-76　上机操作绘制图(二十二)

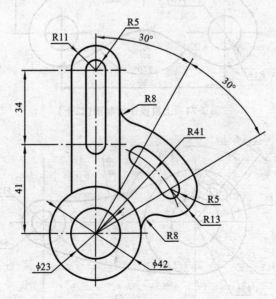

图 2-77　上机操作绘制图(二十三)

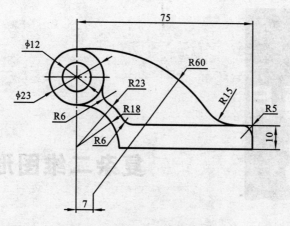

图 2-78 上机操作绘制图(二十四)

项目 3

复杂二维图形的绘制

知识目标

(1) 掌握绘制椭圆弧的方法。

(2) 掌握阵列、复制、镜像等修改命令的应用。

(3) 掌握夹点的编辑操作。

能力目标

(1) 能使用各种绘图和修改命令绘制较复杂的二维图形。

(2) 能根据图形特点灵活应用各种方法,快速高效地绘制图形。

任务 1　复杂平面图形的绘制

本任务以绘制如图 3-1 所示平面图形为例,介绍"圆弧"、"点"等命令。制图过程如下。

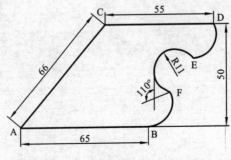

图 3-1　复杂平面图形绘制(一)

(1) 设置绘图环境,操作过程略。

(2) 绘制直线 AB 并偏移。用"直线"命令绘制水平线 AB,长度为 65;用"偏移"命令复制该直线,距离为 50,如图 3-2 所示。

（3）绘制直线 AC、CD、BD。用"圆"命令以 A 为圆心,66 为半径画一辅助圆,交偏移线于 C 点。用"直线"命令绘制直线 AC、CD、BD。如图 3-3 所示。

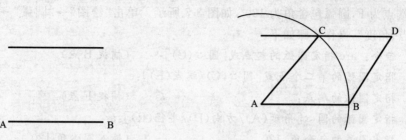

图 3-2 复杂平面图形绘制(二)　　　　图 3-3 复杂平面图形绘制(三)

（4）定数等分直线 BD。用"点"命令定数等分直线,等分数量为 3,如图 3-4 所示。单击"绘图"→"点"→"定数等分",操作步骤如下。

命令:_divide　　　　　　　　　（启动"定数等分"命令）

选择要定数等分的对象:　　　（选择直线 BD）

输入线段数目或[块(B)]:3　（输入等分数目）

（5）绘制圆弧 ED。采用"圆弧"命令中的"起点、端点、方向"绘制。起点为 E,端点为 D,圆弧起点切线方向为 0°,如图 3-5 所示。单击"绘图"→"圆弧"→"起点、端点、方向",操作步骤如下。

命令:_arc 指定圆弧的起点或[圆心(C)]:　　　（捕捉 E 点）

指定圆弧的第二个点或[圆心(C)/端点(E)]:e

指定圆弧的端点:　　　　　　　　　　　（捕捉 D 点）

指定圆弧的圆心[角度(A)/方向(D)/半径(R)]:d

指定圆弧的起点切向:0　　　　　（指定圆弧的起点切线方向为 0°）

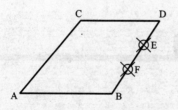

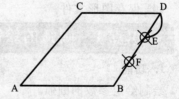

图 3-4 复杂平面图形绘制(四)　　　　图 3-5 复杂平面图形绘制(五)

（6）绘制圆弧 EF。采用"圆弧"命令中的"起点、端点、半径"绘制。起点为 E,端点为 F,半径为 12,如图 3-6 所示。单击"绘图"→"圆弧"→"起点、端点、半径",操作步骤如下。

命令:_arc 指定圆弧的起点或[圆心(C)]:　　　（捕捉 E 点）

指定圆弧的第二个点或[圆心(C)/端点(E)]:e

指定圆弧的端点:　　　　　　　　　　　（捕捉 F 点）

指定圆弧的圆心[角度(A)/方向(D)/半径(R)]:r

指定圆弧的半径:12　　　　　　　　　　（输入半径）

（7）绘制圆弧 BF。采用"圆弧"命令中的"起点、端点、角度"绘制。起点为 B,端点为 F,圆弧包含角为 120°,如图 3-7 所示。单击"绘图"→"圆弧"→"起点、端点、角度",操作步骤如下。

命令:_arc 指定圆弧的起点或[圆心(C)]:　　　（捕捉 B 点）

指定圆弧的第二个点或[圆心(C)/端点(E)]:e

指定圆弧的端点:　　　　　　　　　　　（捕捉 F 点）

指定圆弧的圆心[角度(A)/方向(D)/半径(R)]:a

指定圆弧的包含角:120　　　　　　　　　（输入圆心角 120°）

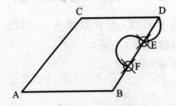

图 3-6　复杂平面图形绘制（六）

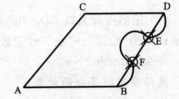

图 3-7　复杂平面图形绘制（七）

（8）删除多余图线及点,完成全图,如图 3-8 所示。

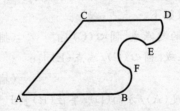

图 3-8　复杂平面图形绘制（八）

（9）保存图形文件。

知识点 1　圆弧的绘制（Arc）

1. 功能

绘制给定参数的圆弧。

2. 调用命令的方式

- 菜单命令:"绘图"→"圆弧"
- 工具栏:"绘图"→"圆弧"
- 键盘命令:Arc 或 A

3. 操作步骤

绘制圆弧时,通过选择不同的选项能组合出 11 种不同的绘制方式,也可以直接在"圆弧"菜单中选择命令来绘制圆弧,如图 3-9 所示。

（1）指定三点画弧　使用不在一条直线上的三点绘制圆弧，是默认选项。所画圆弧如图 3-10 所示，命令行提示如下。

命令：_arc 指定圆弧的起点或[圆心(C)]：　　　（拾取起点）

指定圆弧的第二个点或[圆心(C)/端点(E)]：　（拾取第二点）

指定圆弧的端点：　　　　　　　　　　　　　（拾取端点）

图 3-9　"圆弧"下拉菜单

图 3-10　三点画弧

（2）指定起点、圆心画弧　此种方法下有"起点、圆心、端点"、"起点、圆心、角度"和"起点、圆心、长度"三种绘制圆弧的方式。

①"起点、圆心、端点"：已知圆弧的起点、圆心、终点绘制圆弧，如图 3-11 所示，命令行提示如下。

命令：_arc 指定圆弧的起点或[圆心(C)]：　　　（拾取起点）

指定圆弧的第二个点或[圆心(C)/端点(E)]：c　（拾取圆心点）

指定圆弧的端点或[角度(A)/弦长(L)]：　　　（拾取端点）

提示：使用 AutoCAD 绘制圆弧时，总是从起点开始，到端点结束，并沿着逆时针方向绘制圆弧。

②"起点、圆心、角度"：已知圆弧的起点、圆心和圆弧所包含的圆心角绘制圆弧，如图 3-12 所示，命令行提示如下。

命令：_arc 指定圆弧的起点或[圆心(C)]：　　　（拾取起点）

指定圆弧的第二个点或[圆心(C)/端点(E)]：c　（拾取圆心点）

指定圆弧的端点或[角度(A)/弦长(L)]：a　　　（指定圆心角）

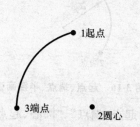

图 3-11　起点、圆心、端点画弧

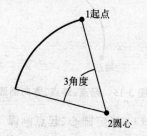

图 3-12　起点、圆心、角度画弧

提示：用"起点、圆心、角度"方式绘制圆弧时，如果角度为正，则从起点开始沿逆时针方向绘制圆弧;如果角度为负,则从起点开始沿顺时针方向绘制圆弧。

③"起点、圆心、长度":已知圆弧的起点、圆心和圆弧的弦长绘制圆弧,如图3-13所示。如果弦长为正,则绘制小圆弧(劣弧);如果弦长为负,则绘制大圆弧(优弧)。

(3)指定起点、端点画弧 此种方法下有"起点、端点、角度"、"起点、端点、方向"和"起点、端点、半径"三种绘制圆弧的方式。

①"起点、端点、角度":已知圆弧的起点、终点和圆弧所包含的圆心角绘制圆弧,如图3-14所示。

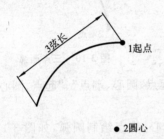

图3-13 起点、圆心、长度画弧

图3-14 起点、端点、角度画弧

②"起点、端点、方向":已知圆弧的起点、终点和圆弧起点的切线方向绘制圆弧,如图3-15所示。命令行提示如下。

指定圆弧的起点或[圆心(C)]:　　　　　　　(输入圆弧的起点)

指定圆弧的第二个点或[圆心(C)/端点(E)]:e

指定圆弧的端点:　　　　　　　　　　　　　(输入圆弧的端点)

指定圆弧的圆心[角度(A)/方向(D)/半径(R)]:d

③"起点、端点、半径":已知圆弧的起点、终点和圆弧的半径绘制圆弧,如图3-16所示,绘优弧还是劣弧由半径的正负决定。

图3-15 起点、端点、方向画弧

图3-16 起点、端点、半径画弧

(4)指定圆心、起点画弧 此种方法下有"圆心、起点、端点"、"圆心、起点、角度"和"圆心、起点、长度"三种绘制圆弧的方式,如图3-17至图3-19所示。指定圆心、起点方式画弧与前述画弧方法大致相同,在此不再赘述。

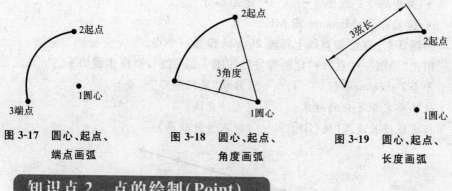

图 3-17 圆心、起点、 端点画弧

图 3-18 圆心、起点、 角度画弧

图 3-19 圆心、起点、 长度画弧

知识点 2　点的绘制（Point）

一个点标记了一个坐标值，在绘图过程中可将其作为捕捉和偏移对象的节点或参考点。

1. 设置点样式

功能：在 AutoCAD 中可根据需要设置点的形状和大小，即设置点样式。调用命令的方式如下。

- 菜单命令："格式"→"点样式"
- 键盘命令：Ddptype

启动命令后，弹出如图 3-20 所示对话框。在该对话框中，共有 20 种不同类型的点样式，默认点样式为圆点，用户可根据需要选择点的类型，设定点的大小。

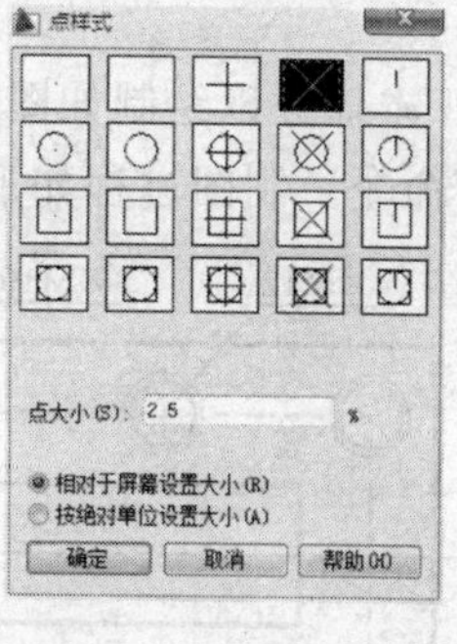

提示：更改点样式后，前面绘制的点的样式会自动更新。

图 3-20 "点样式"对话框

2. 绘制点

功能：用于在指定位置绘制一个或多个点。调用命令的方式如下。

- 菜单命令："绘图"→"点"→"单点"或"多点"
- 工具栏："绘图"→"点"
- 键盘命令：Point 或 PO

3. 定数等分（绘制等分点）

功能：用于将选定的对象或块沿对象的长度或周长等分成指定的段数。调用命令的方式如下。

- 菜单命令："绘图"→"点"→"定数等分"
- 键盘命令：Divide 或 DIV

4. 定距等分（绘制等距点）

功能：用于将选定的对象按指定距离等分。调用命令的方式如下。

- 菜单命令:"绘图"→"点"→"定距等分"
- 键盘命令:Measure 或 ME

例题 3-1 在已知直线上每隔 20 mm 设置一个点。

单击"绘图"→"点"→"定距等分",如图 3-21 所示,操作步骤如下。

命令:_measure　　　　　　　（启动"定距等分"命令）

选择要定距等分的对象:　　　（选择直线）

指定线段长度或[块(B)]:20　（输入等分距离）

图 3-21　定距等分

提示:系统默认的点的显示方式为".",当点位于直线上时不能显示,可打开"点样式"对话框,从中选择一种点样式,如"×",即可改变点的显示方式。

任务 2　底板的绘制

本任务以绘制如图 3-22 所示的底板为例,介绍"缩放"、"阵列"、"分解"、"打断"命令。制图过程如下。

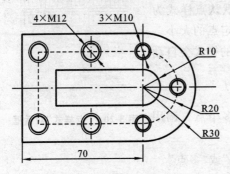

图 3-22　底板的绘制(一)

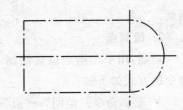

图 3-23　底板的绘制(二)

（1）设置绘图环境,操作过程略。

（2）利用"图层"命令,创建绘图常用的"粗实线"、"细实线"、"点画线"、"虚线"等图层。单击"图层"工具栏中"图层"下拉箭头,选择"粗实线"图层,利用"矩形"命令,绘制长 60,宽 40 的矩形和 R20 的圆,修剪后如图 3-23 所示。

（3）分别向两个方向偏移矩形和圆弧,偏移距离为 10,如图 3-24 所示。

（4）绘制 M10 的螺纹孔。绘制 φ10、φ8.5 的两个同心圆,经过修剪得到螺纹孔,如图 3-25 所示。

（5）用"复制"命令复制螺纹孔,如图 3-26 所示。

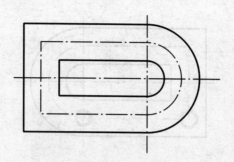

图 3-24　底板的绘制(三)

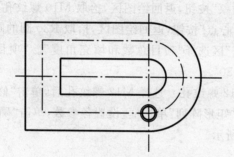

图 3-25　底板的绘制(四)

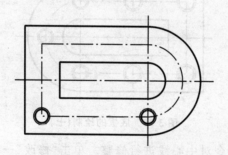

图 3-26　底板的绘制(五)

(6) 用"缩放"命令放大螺纹孔,缩放比例为 1.2,即由 M10 放大为 M12,如图 3-27 所示。单击"修改"→"缩放",操作步骤如下。

命令:_scale　　　　　　　　　　(启动"缩放"命令)

选择对象:找到 2 个　　　　　　　(选择缩放对象)

选择对象:　　　　　　　　　　　(回车,结束对象选择)

指定基点:　　　　　　　　　　　(捕捉 M12 孔中心作为缩放中心)

指定比例因子或[复制(C)/参照(R)]:1.2　(输入比例因子)

(7) 阵列螺纹孔。

① 环形阵列 M10 螺纹孔,操作步骤如下。

a. 单击"修改"→"阵列",弹出"阵列"对话框,选中"环形阵列"单选框。

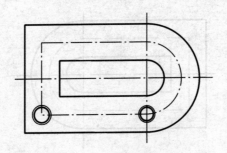

图 3-27　底板的绘制(六)

b. 单击"选择对象"按钮,返回绘图区,拾取 M10 螺纹孔后回车。

c. 单击"拾取中心点"按钮,返回绘图区,拾取 R30 圆的圆心为阵列中心点。

d. 在"方法和值"区选择"项目总数和填充角度"。"项目总数"处输入 3,在"填充角度"处输入 $180°$。

② 矩形阵列 M12 螺纹孔。选择 M12 螺纹孔后,单击"修改"→"阵列",弹出"阵列"对话框,选中"矩形阵列"单选框,设置各参数,单击"确定"按钮即可。

结果如图 3-28 所示。

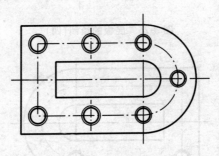

图 3-28　底板的绘制(七)

(8) 用"打断"命令对中心线进行修整。单击"修改"→"打断",操作步骤如下。

命令:_break 选择对象　　　　　(启动打断命令,选择被打断对象)

指定第二个打断点或[第一点(F)]:(在要断开的对象上指定一点)

(9) 保存图形文件。

知识点 1　阵列对象(Array)

1. 功能

将指定对象以矩形或环形排列方式进行复制。对于呈矩形或环形规律分布的相同结构,采用该命令绘制更方便、更准确。

2. 调用命令的方式

• 菜单命令:"修改"→"阵列"

- 工具栏:"修改"→"阵列"
- 键盘命令:Array 或 AR

3. 阵列对象的方式

阵列对象有"环形阵列"和"矩形阵列"两种方式。

1) 环形阵列对象

环形阵列能将选定的对象绕一个中心点,在圆周上或圆弧上均匀复制,如图 3-29 所示。操作步骤如下。

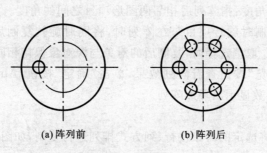

(a) 阵列前　　　　　(b) 阵列后

图 3-29　环形阵列

(1) 启动命令,弹出"阵列"对话框如图 3-30 所示,选中"环形阵列"。

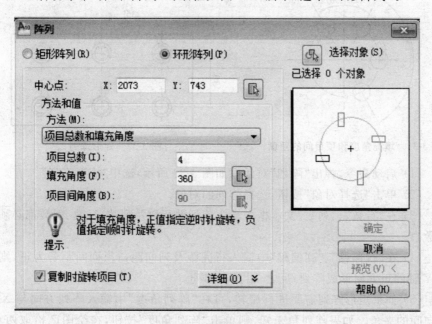

图 3-30　"环形阵列"对话框

(2) 单击"选择对象"按钮,选择要阵列的对象,这时对话框暂时关闭,命令行提示为"选择对象:",可用任何方法选择对象,选完后回车返回对话框。

(3) 在"中心点"文字框内输入阵列中心的 X、Y 坐标,或单击其右侧的"拾取中心点"按钮,这时对话框关闭,命令行提示如下。

指定阵列中心点:　　　　　　　(输入一点)

在绘图区捕捉到一点,返回对话框。

(4)在"方法和值"区选择阵列的方法有以下三种。

① 项目总数:用于输入要阵列的图形项目数量,包括原对象。

② 填充角度:用于输入要填充的总角度。填充角度为正时,逆时针阵列;填充角度为负时,顺时针阵列,默认值为360°。

③ 项目间的角度:指阵列后相邻两图形项目之间的角度。如图3-31所示。

(5)选择"复制时旋转项目",在阵列时,将同时旋转复制后的每一个对象。默认为选中状态。取消选择时,复制后的对象与源对象保持相同的方向。

(6)单击"预览"按钮查看阵列效果,单击"确定"按钮,AutoCAD返回绘图区,并按设定的参数显示出环形阵列。

2)矩形阵列

矩形阵列能将选定的对象按行、列方式排列进行复制,如图3-32所示。操作步骤如下。

图3-31　填充角度和项目间的角度

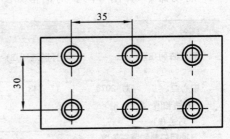

图3-32　矩形阵列

(1)启动命令,弹出"阵列"对话框如图3-33所示,选中"矩形阵列"。

(2)单击"选择对象"按钮,选择阵列的对象。

(3)在"行数"、"列数"文本框中输入阵列的行数及列数,行数、列数都必须是正数。

(4)在"行偏移"、"列偏移"中输入行间距及列间距,行、列间距若为正,则沿X、Y轴的正方向形成阵列;反之,沿反向阵列。

(5)如果矩形阵列需要进行旋转,可在"阵列角度"中输入阵列方向与X轴正向间的夹角。如果阵列角未知,则单击"阵列角度"按钮,在绘图区拾取两点,得到阵列角。

(6)单击"预览"按钮查看阵列效果。单击"确定"按钮,返回绘图区,并按设定的参数显示出矩形阵列。

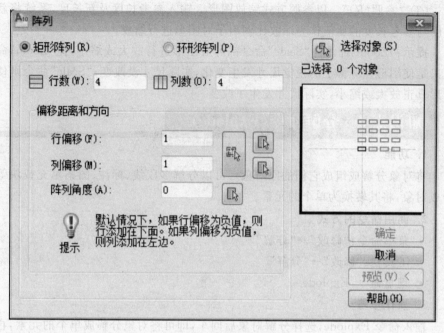

图 3-33 "矩形阵列"对话框

知识点 2 比例缩放对象(Scale)

1. 功能

将选定的对象以指定的基点为中心按指定的比例放大或缩小。

2. 调用命令的方式

- 菜单命令:"修改"→"缩放"
- 工具栏:"修改"→"缩放"
- 键盘命令:Scale 或 SC

3. 操作步骤

命令:_scale　　　　　　　　　　　　　　(启动"比例缩放"命令)

选择对象:　　　　　　　　　　　　　　(选择缩放对象)

选择对象:　　　　　　　　　　　　　　(回车,结束对象选择)

指定基点:　　　　　　　　　　　　　　(捕捉点作为缩放中心)

指定比例因子或[复制(C)/参照(R)]＜　＞:　　(输入比例因子)

4. 命令行中各选项的含义

(1)"指定比例因子" 大于1的比例因子使对象放大,介于0和1之间的比例因子使对象缩小。也可以拖动光标使对象放大或缩小。

(2)"复制(C)" 保留原对象,生成一个按指定比例对原对象缩放的复制对象。

（3）"参照（R）" 以参照方式缩放图形。输入参考长度及新长度，系统将新长度与参考长度的比值作为缩放比例因子对图形进行缩放。

提示："Zoom"命令与"Scale"命令都可对图形进行放大或缩小，但"Zoom"命令只是使图形在屏幕上的视觉尺寸发生变化，实际尺寸没改变；"Scale"命令则使图形真正放大或缩小，实际尺寸发生了改变。

知识点 3　分解命令（Explode）

1. 功能

将对象分解成组成它们的原对象。可以分解多段线、标注、图案填充或块等合成对象，将其转换为单个的元素。

2. 调用命令的方式

- 菜单命令："修改"→"分解"
- 工具栏："修改"→"分解"
- 键盘命令：Explode

3. 操作步骤

输入命令 Explode，选择分解对象后回车，即可将对象分解成单个的元素，再分别对其进行操作，如图 3-34 所示。

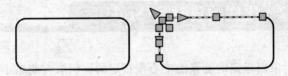

图 3-34　分解实例

知识点 4　打断命令（Break）

1. 功能

将选中的对象分解成两部分或剪掉对象中的一部分。

2. 调用命令的方式

- 菜单命令："修改"→"打断"
- 工具栏："修改"→"打断于点"或"打断"
- 键盘命令：Break 或 BR

3. 操作步骤

命令：_break 选择对象　　　　　　　　（启动"打断"命令，选择被打断对象）

指定第二个打断点或［第一点（F）］：　　（在要断开的对象上指定一点）

打断命令可将对象在两点之间打断，也可将对象打断于点，如图 3-35 所示。

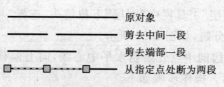

图 3-35 打断实例

知识点 5 合并命令(Join)

1. 功能

将多个对象合并成一个完整的对象,可合并直线、圆弧、椭圆弧、多段线或样条曲线等。

2. 调用命令的方式

- 菜单命令:"修改"→"合并"
- 工具栏:"修改"→"合并"
- 键盘命令:Join 或 J

3. 操作步骤

命令:_join   (启动"合并"命令)

选择源对象   (选择一段直线作为源对象)

选择要合并到源的直线:找到 1 个   (选择一段直线作为合并的对象)

选择要合并到源的直线: (回车,结束选择)

已将 1 条直线合并到源   (系统提示)

任务 3 手柄的绘制

本任务以绘制如图 3-36 所示的平面图形为例,介绍"移动"、"延伸"、"镜像"、"倒角"、"拉长"等命令。制图过程如下。

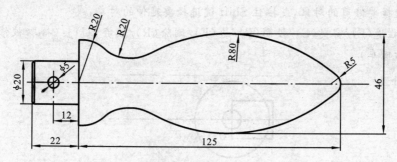

图 3-36 手柄的绘制(一)

(1)设置绘图环境,操作过程略。

(2)利用"图层"命令,创建绘图常用的"粗实线"、"细实线"、"点画线"、"虚

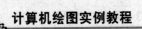

线"等图层。单击"图层"工具栏中"图层"下拉箭头,选择"粗实线"图层,绘制 22
×20 的矩形,并将其分解,如图 3-37 所示。

(3)在矩形左侧边的中点处绘制水平中心线,向上偏移该中心线,偏移距离
为 23,如图 3-38 所示。操作步骤如下。

键盘命令:offset

指定偏移距离或[通过(T)/删除(E)/图层(L)]:　　　(输入 23 后回车)

选择要偏移的对象或[退出(E)/放弃(U)]＜退出＞:(选定中心线)

指定要偏移的那一侧上的点,或[退出(E)/多个(M)/放弃(U)]:(在中心线
的上方单击)

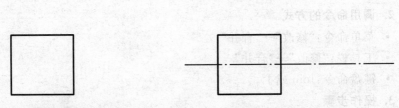

图 3-37　手柄的绘制(二)　　　　　　　　图 3-38　手柄的绘制(三)

(4)以 O 点为圆心,绘制 R20、R5 两个同心圆,如图 3-39 所示。操作步骤如下。

命令:circle

指定圆的圆心或[三点(3P)/两点(2P)/相切、相切、半径(T)]:(指定 O 点)

指定圆的半径或[直径(D)]＜17.0000＞:　　(输入 20)

完成 R20 圆的绘制后,按同样的方法绘制 R5 圆。

命令:trim　　　　　　　　　　　　　　(启动"修剪"命令)

当前设置:投影＝UCS,边＝无

选择剪切边...

选择对象或全部选择:　　　　　　　　　(选择所有图形对象后回车)

选择要修剪的对象,或按住 Shift 键选择要延伸的对象,或

[栏选(F)/窗交(C)/投影(P)/边(E)/删除(R)/放弃(U)]:(拾取被修剪的
圆弧后回车)

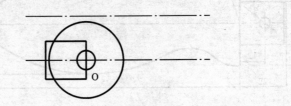

图 3-39　手柄的绘制(四)

(5)用"移动"命令平移 R5 的圆,移动距离为 120,如图 3-40 所示。单击"修
改"→"移动",操作步骤如下。

命令:move   (启动"移动"命令)

选择对象:找到1个   (选择R5圆,回车)

指定基点或[位移(D)]<位移>:   (回车,选择默认的"位移"方式)

指定位移<0.0000,0.0000,0.0000>:120   (输入移动的距离)

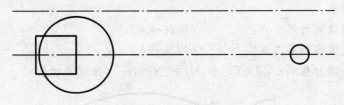

图 3-40   手柄的绘制(五)

(6) 用"相切、相切、半径(T)"方式绘制 R80 的
圆;用圆角命令绘制 R20 的圆弧,如图 3-41 所示。

(7) 用"延伸"命令以 R20 的圆为边界延伸矩形
的右侧边。操作步骤如下。

命令:extend   (启动"延伸"命令)

当前设置:投影=UCS,边=无

选择边界边...   (系统提示)

选择对象或<全部选择>:找到1个

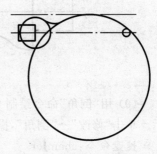

图 3-41   手柄的绘制(六)

              (选择R20的圆后回车)

选择对象:

选择要延伸的对象,或按住Shift键选择要修剪的对象,

或[栏选(F)/窗交(C)/投影(P)/边(E)/放弃(U)]:

                                           (靠近 A 点处选择直线 AB)

选择要延伸的对象,或按住Shift键选择要修剪的对象,

或[栏选(F)/窗交(C)/投影(P)/边(E)/放弃(U)]:

                                           (靠近 B 点处选择直线 AB)

选择要延伸的对象,或按住Shift键选择要修剪的对象,或[栏选(F)/窗交
(C)/投影(P)/边(E)/放弃(U)]:   (回车结束"延伸"操作)

修剪多余线条,修剪后如图 3-42 所示。

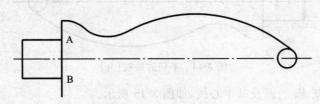

图 3-42   手柄的绘制(七)

(8) 用"镜像"命令镜像复制另一半图形,如图 3-43 所示。操作步骤如下。

命令:mirror　　　　　　　　　(启动"镜像"命令)

选择对象:指定对角点:找到 3 个

　　　　　　　　　　　　　　　(用窗口方式选择 R20、R20、R80 圆弧,回车)

选择对象:

指定镜像线的第一点:　　　　　(拾取一点)

指定镜像线的第二点:　　　　　(拾取一点)

要删除源对象吗? [是(Y)/否(N)]<N>:n　　(保留源对象)

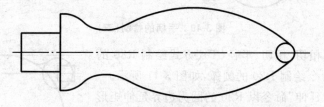

图 3-43　手柄的绘制(八)

(9) 用"倒角"命令绘制 C1 倒角,并绘制垂直线,**修剪多余图线**,如图 3-44 所示。单击"修改"→"倒角",操作步骤如下。

键盘命令:chamfer　　　　　　　(启动"倒角"命令)

("修剪"模式)当前倒角距离 1=0.0000,距离 2=0.0000

选择第一条直线或[放弃(U)/多段线(P)/距离(D)/角度(A)/修剪(T)/方式(E)/多个(M)]:d(设置为距离方式)

指定第一个倒角距离<0.0000>　　(输入第一个倒角距离 1,回车)

选择第二个倒角距离<1.0000>:　(接受默认距离 1,直接回车)

选择第一条直线或[放弃(U)/多段线(P)/距离(D)/角度(A)/修剪(T)/方式(E)/多个(M)]:　　　　　　　　　(选择直线 1)

选择第二条直线或按住 Shift 键选择要应用角点的直线:(选择直线 2)

采用同样方法绘制另一个倒角,并绘制倒角处的垂直线。

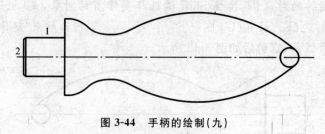

图 3-44　手柄的绘制(九)

(10) 绘制 φ5 的圆及其中心线,如图 3-45 所示。

(11) 删除多余的线,用"拉长"命令动态调整中心线的长度后完成全图,如图 3-46 所示。单击"修改"→"拉长",操作步骤如下。

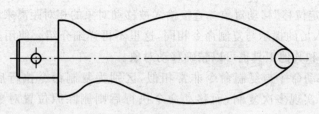

图 3-45　手柄的绘制(十)

命令:lengthen　　　　　　　　　(启动"拉长"命令)

选择对象或[增量(DE)/百分数(P)/全部(T)/动态(DY)]:dy

(选择"动态"选项)

选择要修改的对象或[放弃(U)]:(拾取中心线)

指定新端点:　　　　　　　(向外拉伸中心线至适当位置后单击确定)

选择要修改的对象或[放弃(U)]:(回车,结束"拉长"命令)

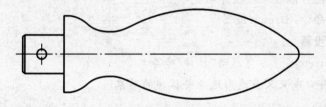

图 3-46　手柄的绘制(十一)

(12) 保存图形文件。

知识点 1　移动对象(Move)

1. 功能

将指定的对象移动到指定的位置。

2. 调用命令的方式

- 菜单命令:"修改"→"移动"
- 工具栏:"修改"→"移动"
- 键盘命令:Move 或 M

3. 操作步骤

命令:_move　　　　　　　　　(启动"移动"命令)

选择对象:指定对角点:找到一个　　(选择要移动的对象)

指定基点或[位移(D)]<位移>:　　(指定基点)

指定第二点或<使用第一点作为位移>:(指定第二点)

4. 指定位移的方法

(1) "指定两点"移动对象　先指定基点,随后指定第二点,以输入的两个点来确定移动的方向和距离。

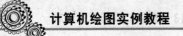

(2)"指定位移"移动对象　直接输入被移动对象的相对距离来移动对象。

命令输入后的提示与复制命令相同,这里不再详细介绍。使用坐标、栅格捕捉、对象捕捉和其他工具也可以精确移动对象。

提示:移动命令与复制命令非常相似,区别为复制命令执行后,复制对象仍然存在,可实现多次复制,而移动命令执行后则删除原位置对象,不能多次移动。

知识点 2　拉伸对象(Stretch)

1. 功能

用于拉伸或移动对象,改变实体间的相互位置关系。

2. 调用命令的方式

- 菜单命令:"修改"→"拉伸"
- 工具栏:"修改"→"拉伸"
- 键盘命令:Stretch 或 S

3. 操作步骤

命令:_stretch　　　　(启动"拉伸"命令)

以交叉窗口或交叉多边形选择要拉伸的对象...

选择对象:

选择对象:

指定基点或[位移(D)]<位移>:

选择被拉伸对象时,只能使用交叉窗口或交叉多边形方式。如果使用拾取、窗口等方式选择对象或组成图形的所有线条都位于选择窗口内,则拉伸命令与移动命令使用效果一样。

拉伸时,只有位于选择窗口内的端点能被拉伸移动,窗口外面的端点不动。

拉伸命令提示中各选项的含义与复制命令相似,这里不再详细介绍。

知识点 3　延伸对象(Extend)

1. 功能

将指定的对象延长到与选定的对象相交。

2. 调用命令的方式

- 菜单命令:"修改"→"延伸"
- 工具栏:"修改"→"延伸"
- 键盘命令:Extend 或 EX

提示中各选项含义及命令执行步骤与修剪命令相似,这里不再详细介绍。

知识点4 镜像对象（Mirror）

1. 功能

将选中的对象沿指定的对称线进行复制，源对象可根据需要进行删除或保留，如图 3-47 所示。

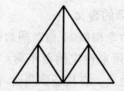

图 3-47 镜像对象

2. 调用命令的方式

- 菜单命令："修改"→"镜像"
- 工具栏："修改"→"镜像"
- 键盘命令：Mirror 或 MI

3. 操作步骤

命令：_mirror	（启动"镜像"命令）
选择对象：	（选择要镜像的对象）
选择对象：	（按回车键）
指定镜像线第一点：	（在镜像线上拾取一点）
指定镜像线第二点：	（在镜像线上拾取另一点）
要删除源对象吗？［是（Y）/否（N）］＜N＞：	（回车或输入"Y"）

文字也能镜像，为防止文字被反转及倒置，AutoCAD 2010 已经将 MIRRTEXT 的默认值设置为 0。

提示：创建对称的图形对象时，可先绘制图形的半部分，然后将其镜像，这样能大大提高绘图速度。

知识点5 倒角（Chamfer）

1. 功能

可按指定长度，将两直线或一多段线的相邻两段修整成倒角，可以进行倒角的对象包括直线、多段线、矩形、多边形等，倒角是机械零件图中常见的结构。

2. 调用命令的方式

- 工具栏："修改"→"倒角"
- 菜单："修改"→"倒角"
- 键盘命令：Chamfer 或 CHA

3. 操作步骤

命令:_chamfer

("修剪"模式)当前倒角距离 1＝0.0000,距离 2＝0.0000

选择第一条直线或[放弃(U)/多段线(P)/距离(D)/角度(A)/修剪(T)/方式(E)/多个(M)]:

4. 命令行中各选项的含义

倒角命令与圆角命令相似,下面对圆角命令中没有的选项进行介绍。

(1)"距离(D)" 用来设定倒角距离。倒角距离是指倒角的两个角点与两条直线的交点之间的距离。在构造倒角时,需先选择此项,重新指定倒角距离再进行倒角,命令行提示如下。

选择第一条直线或[放弃(U)/多段线(P)/距离(D)/角度(A)/修剪(T)/方式(E)/多个(M)]:d　　　　　　　(设置为距离方式)

指定第一个倒角距离＜0.0000＞:(输入第一个倒角距离)

指定第二个倒角距离＜0.0000＞:(输入第二个倒角距离或直接回车)

第一个倒角距离和第二个倒角距离可以相等,也可以不相等。如果是45°倒角,则两者距离相等。

(2)"角度(A)" 用以确定第一条直线的倒角距离和角度,在构造倒角时。也可以先选择此项,来重新指定倒角距离和角度,其命令行提示如下。

选择第一条直线或[放弃(U)/多段线(P)/距离(D)/角度(A)/修剪(T)/方式(E)/多个(M)]:a(设置为角度方式)

指定第一条直线的倒角长度＜0.0000＞:(输入第一条直线的倒角长度)

指定第一条直线的倒角角度＜0＞:(输入第一条直线的倒角角度)

(3)"方式(E)" 用来确定按"距离"方法或"角度"方法构造倒角。命令行提示如下。

选择第一条直线或[放弃(U)/多段线(P)/距离(D)/角度(A)/修剪(T)/方式(E)/多个(M)]:e

输入修剪方法[距离(D)/角度(A)]＜角度＞:

选择"距离(D)"则用距离方式构造倒角,选择"角度(A)"则用角度方式构造倒角。默认设置为角度方式。

提示:当倒角距离设置为零时可使不平行的两边相交。

知识点 6　圆角命令(Fillet)

1. 功能

将两个对象用一段指定半径的圆弧光滑连接。连接的对象有直线、多段线、样条曲线、构造线、射线等。

2. 调用命令的方式

- 工具栏:"修改"→"圆角"
- 菜单:"修改"→"圆角"
- 键盘命令:Fillet 或 F

3. 操作步骤

命令:_fillet　　(启动"圆角"命令)

当前设置:模式＝修剪,半径＝0.0000

选择第一个对象或[放弃(U)/多段线(P)/半径(R)/修剪(T)/多个(M)]:
(拾取第一个对象或键入一个选项的关键词)

4. 命令行中各选项的含义

(1)"半径(R)"　用于确定圆角半径。AutoCAD 默认的半径为上一次设置的半径,在进行圆角前,应先指定圆角半径。命令行提示如下。

选择第一个对象或[放弃(U)/多段线(P)/半径(R)/修剪(T)/多个(M)]:r
(指定圆角半径)

指定圆角半径＜＞:(输入圆角半径)

(2)"选择第一个对象"　拾取第一个对象。此选项为默认选项。相应的命令行提示如下。

选择第二个对象,或按住"Shift"键选择要应用角点的对象:

若拾取了第二个对象,则进行圆角并结束命令。

(3)"放弃(U)"　用于放弃上一次执行的操作。

(4)"多段线(P)"　用于对整条多段线的各段同时进行圆角。相应的命令行提示如下。

选择第一个对象或[放弃(U)/多段线(P)/半径(R)/修剪(T)/多个(M)]:p
(设置为多段线方式)

选择二维多段线:

提示:对于多段线对象,圆角的半径必须一致。当对封闭的多段线倒圆角时,其结果随多段线绘制方法的不同而不同。绘制多段线时采用"闭合(C)"选项闭合多段线,则在每一个顶点处自动倒出圆角;用对象捕捉方式封闭多段线,则该多段线的第一个顶点不会被倒圆角。

(5)"修剪(T)"　用于确定圆角后是否修剪原对象。相应的命令行提示如下。

选择第一个对象或[放弃(U)/多段线(P)/半径(R)/修剪(T)/多个(M)]:t
(设置为修剪方式)

输入修剪模式选项[修剪(T)/不修剪(N)]:(t 为修剪模式,n 为不修剪模式)

在两种模式下圆角命令的执行结果如图 3-48 所示。

(6)"多个(M)"　可以连续对多处对象进行圆角。

85

| (a)圆角前 | (b)修剪模式 | (c)不修剪模式 |

图 3-48　圆角修剪模式和不修剪模式的比较

项 目 总 结

　　掌握绘制椭圆弧、圆角和倒角的方法。学会应用阵列、镜像、移动、延伸等修改命令提高绘图效率。熟练使用各种绘图和修改命令绘制较复杂的二维图形。能根据图形特点灵活应用各种方法,快速高效地绘制图形。

思考与上机操作

　　(1) 绘制如图 3-49 至图 3-54 所示图形(不需标注尺寸)。

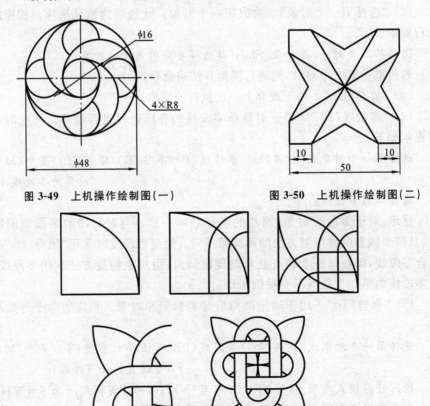

图 3-49　上机操作绘制图(一)　　　　图 3-50　上机操作绘制图(二)

图 3-51　上机操作绘制图(三)

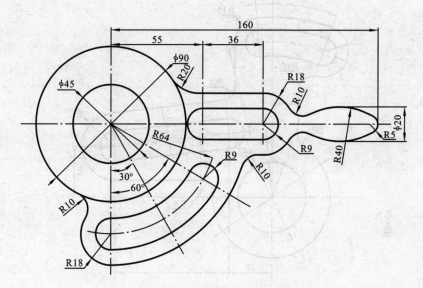

图 3-52 上机操作绘制图(四)

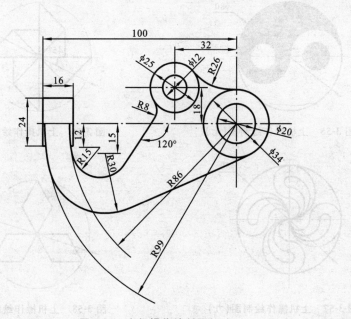

图 3-53 上机操作绘制图(五)

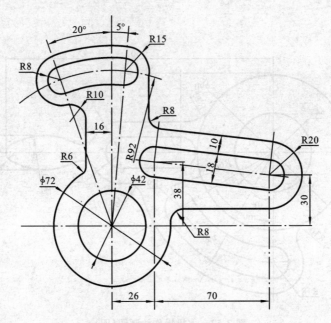

图 3-54　上机操作绘制图(六)

(2) 绘制如图 3-55 至图 3-63 所示图形(不需标注尺寸)。

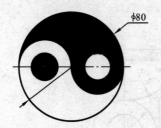

图 3-55　上机操作绘制图(七)

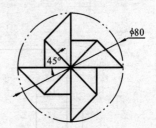

图 3-56　上机操作绘制图(八)

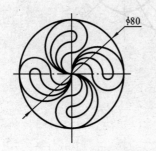

图 3-57　上机操作绘制图(九)

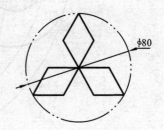

图 3-58　上机操作绘制图(十)

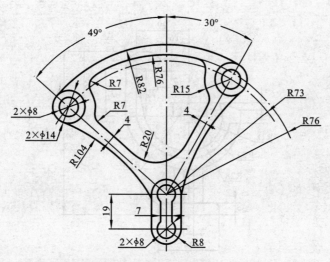

图 3-59 上机操作绘制图（十一）

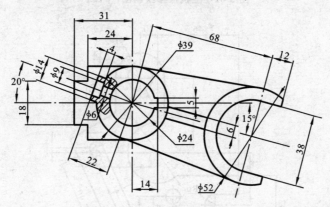

图 3-60 上机操作绘制图（十二）

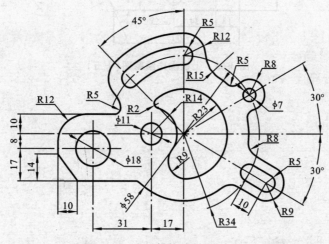

图 3-61 上机操作绘制图（十三）

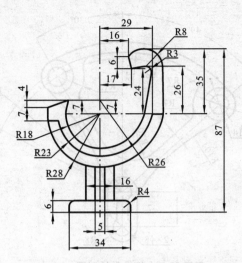

图 3-62　上机操作绘制图(十四)

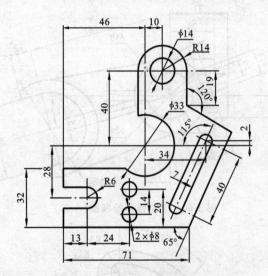

图 3-63　上机操作绘制图(十五)

三视图和剖视图的绘制

知识目标

（1）掌握样条曲线的绘制方法。

（2）掌握图案填充及其编辑方法。

（3）掌握绘制三视图和剖视图的常用方法。

能力目标

（1）能熟练对图像进行图案填充及编辑。

（2）能根据机件的结构特点，灵活运用各种绘图、修改命令，绘制三视图及剖视图。

任务 1　三视图的绘制

本任务以绘制如图 4-1 所示的三视图为例，介绍"构造线"命令及绘制三视图的方法和步骤。制图过程如下。

（1）设置图形界限。根据图形尺寸，将图形界限的两个点分别设为(0,0)和(100,70)。执行"缩放"命令并选择"全部(A)"选项，显示图形界限。

（2）利用"图层"命令，创建绘图常用的"粗实线"、"细实线"、"点画线"、"虚线"等图层。

（3）绘制圆筒及底板俯视图，如图 4-2 所示。

① 单击"图层"工具栏中"图层"下拉箭头，选择"点画线"图层。绘制水平、垂直中心线。

② 利用"偏移"命令，绘制底板 φ10 圆的垂直中心线。

③ 单击"图层"工具栏中"图层"下拉箭头，选择"粗实线"图层。利用"圆"命令绘制圆 φ36、φ24、φ10 和 R10。

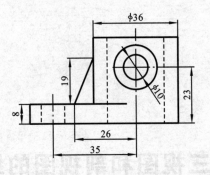

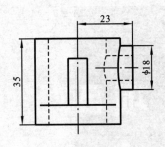

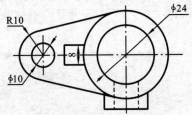

图 4-1　三视图的绘制(一)

④ 利用"对象捕捉"绘制底板与圆筒的切线。

⑤ 利用"修剪"命令,剪切多余部分。

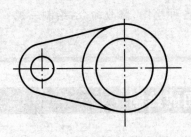

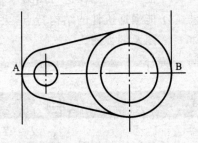

图 4-2　三视图的绘制(二)　　　　　**图 4-3　三视图的绘制(三)**

(4) 绘制圆筒及底板主视图。用"构造线"命令过 A 点绘制一条垂直线,用"射线"命令过 B 点向上绘制一条垂直的射线,以保证主视图和俯视图长对正,如图 4-3 所示。

单击"绘图"→"构造线",操作步骤如下。

命令:_xline　　　　　　　　　　　(启动"构造线"命令)

指定点或[水平(H)/垂直(V)/角度(A)/二等分(B)/偏移(O)]:v

　　　　　　　　　　　　　　　　　(选择绘制垂直构造线)

指定通过点:　　　　　　　　　　　(点选如图所示 A 点)

指定通过点:　　　　　　　　　　　(回车,结束命令)

单击"绘图"→"射线",操作步骤如下。

命令:_ray　　　　　　　　　　　　(启动"射线"命令)

指定起点：	（点选如图所示 B 点）
指定通过点：	（指定 B 点正上方任一点）
指定通过点：	（回车，结束命令）

（5）用"直线"命令并采用"极轴追踪"功能绘制底板主视图和圆筒中心线，以及底板主视图上小圆的中心线，再通过变换图层将其修改到相应的点画线或虚线图层内，如图 4-4 所示。

（6）绘制圆筒主视图。利用"对象捕捉"和"极轴追踪"功能绘制主视图上圆筒及孔的轮廓线，如图 4-5 所示。

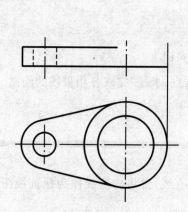

图 4-4　三视图的绘制（四）

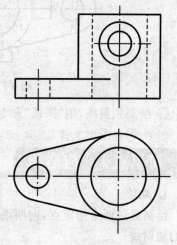

图 4-5　三视图的绘制（五）

（7）绘制圆筒上凸台、三角板的主视图。操作步骤如下。

① 用"偏移"命令绘制凸台中心线。

② 用"圆"命令绘制 $\phi18$、$\phi10$ 的两个同心圆。

③ 用"偏移"命令、"直线"命令绘制底板上三角板的主视图。

（8）利用"镜像"、"偏移"命令，采用"对象捕捉"和"极轴追踪"功能绘制三角板及凸台的俯视图，如图 4-6 所示。

（9）绘制左视图，如图 4-7 所示。操作步骤如下。

① 用"构造线"命令过底板底部作一条水平线，以保证主视图和左视图的高平齐。

② 绘制底板、圆筒、三角板及凸台的左视图。

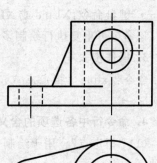

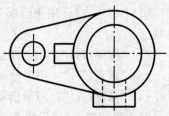

图 4-6　三视图的绘制（六）

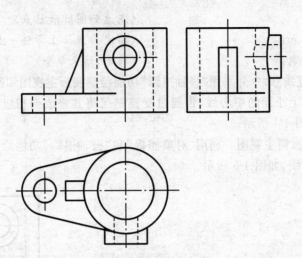

图 4-7　三视图的绘制(七)

③ 绘制相贯线,用"圆弧"命令的"起点、端点、半径"完成各相贯线的绘制。

(10) 保存图形文件。

知识点 1　构造线

1. 功能

绘制通过两个指定点,向两端无限延伸的直线,常将构造线作为保证视图对齐的辅助线。

2. 调用命令的方式

- 菜单命令:"绘图"→"构造线"
- 工具栏:"绘图"→"构造线"
- 键盘命令:XLine 或 XL

该命令可重复执行绘制多条构造线。

3. 操作步骤

命令:_xline　指定点或[水平(H)/垂直(V)/角度(A)/二等分(B)/偏移(O)]:　　　　　　　　　(输入一点或键入一个选项的关键字后回车)

4. 命令行中各选项的含义

(1)"指定点"　用于绘制一条通过指定点的构造线,此为 AutoCAD 的默认选项。

(2)"水平(H)"　用于绘制一条通过指定点的水平构造线。

(3)"垂直(V)"　用于绘制一条通过指定点的垂直构造线。

(4)"角度(A)"　用于绘制一条以指定角度通过指定点的构造线。

对主提示键入"a"后回车,其后的命令行提示如下。

输入构造线的角度(0)或[参照(R)]:　　(输入角度或键入关键字"r"后回车)

①"输入构造线的角度(0)":直接输入角度,也可指定两点,其连线将作为构造线的方向。

②"参照(R)":以一条已知直线为参照线,绘制与其平行或倾斜指定角度的构造线。命令行提示如下。

输入构造线的角度(0)或[参照(R)]:r　　(选择参照方式)

选择直线对象:　　　　　　　　　　　(选择一条直线作为参照)

输入构造线的角度<0>　　　　　　　(输入相对于参照线的角度)

(5)"二等分(B)"　用于绘制过角顶点的角平分线。命令行提示如下。

命令:_xline　　　　　　　　　　　　(启动"构造线"命令)

指定点或[水平(H)/垂直(V)/角度(A)/二等分(B)/偏移(O)]:b

　　　　　　　　　　　　　　　　　　(选择二等分方式)

指定角的顶点:　　　　　　　　　　　(指定一点)

指定角的起点:　　　　　　　　　　　(指定一点)

指定角的端点:　　　　　　　　　　　(指定一点)

指定角的端点:　　　　　　　　　　　(回车,结束命令)

(6)"偏移(O)"　在指定直线对象的一侧按指定距离绘制一条与直线对象相平行的参照线。命令行提示如下。

指定偏移距离或[通过(T)]<通过>:　(输入偏移距离)

选择直线对象:　　　　　　　　　　　(选择一条直线或构造线)

指定向哪侧偏移:　　　　　　　　　　(在已选择的直线对象一侧单击

　　　　　　　　　　　　　　　　　　鼠标以指定偏移侧)

知识点 2　AutoCAD 中侧视图的绘制方法

绘制三视图的关键是要保证三视图之间的对正关系,即主、俯视图长对正,主、左视图高平齐,俯、左视图宽相等。为此,需要使用 AutoCAD 提供的辅助绘图工具进行绘图,一般常采用的有捕捉、栅格、追踪、正交模式及目标捕捉等辅助工具。

绘制侧视图一般常采用以下几种方法。

(1)坐标输入法:根据图上给出的尺寸,通过输入各图形元素的坐标确定其位置。

(2)用45°斜线辅助绘图:绘图时主要通过配合目标捕捉、正交模式和自动追踪等功能实现视图的对正关系。操作步骤如下。

①打开"极轴",绘制45°辅助线;打开"正交",绘制两条水平辅助线,如图4-8所示。

②启用"矩形"命令,当系统提示"指定第一角点"时,用光标捕捉主视图中的A点,并向右缓慢移动光标,待出现追踪线时,移动光标捕捉辅助线上的B点,并向上缓慢移动光标,待同时出现两条相交的追踪线时,单击鼠标左键,即确定了

矩形的第一角点,如图 4-9 所示。

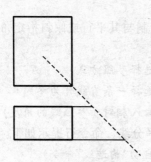

图 4-8　45°斜线辅助绘制侧视图(一)　　　图 4-9　45°斜线辅助绘制侧视图(二)

③ 第一角点确定后,系统提示"指定第二角点"。用光标捕捉主视图中的 C 点,并向右缓慢移动光标,待出现追踪线时,移动光标捕捉辅助线上的 D 点,并向上缓慢移动光标,待同时出现两条相交的追踪线时,单击鼠标左键,即确定了矩形的第二角点,如图 4-10 所示。

④ 整理图形,完成图形的绘制,如图 4-11 所示。

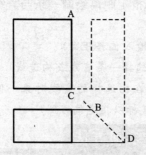 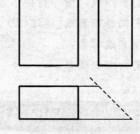

图 4-10　45°斜线辅助绘制侧视图(三)　　　图 4-11　45°斜线辅助绘制侧视图(四)

(3) 利用复制、旋转功能:通过复制并旋转俯视图,实现俯、左视图宽相等的关系,如图 4-12 所示。

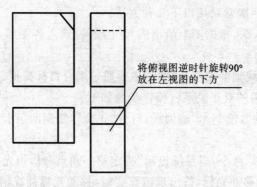

将俯视图逆时针旋转90°
放在左视图的下方

图 4-12　利用复制、旋转功能绘制侧视图

任务2 剖视图的绘制

本任务以绘制如图 4-13 所示的剖视图为例,介绍"样条曲线"、"图案填充"等命令。制图过程如下。

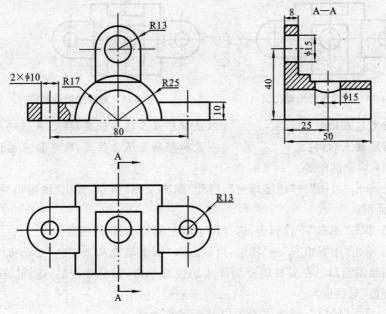

图 4-13 剖视图的绘制(一)

(1) 设置绘图环境,其操作过程略。

(2) 利用"图层"命令,创建绘图常用的"粗实线"、"细实线"、"点画线"、"虚线"等图层。

(3) 完成主、俯、左视图的绘制。

① 绘制主、俯视图,如图 4-14 所示。

② 利用"构造线"命令,采用"对象捕捉"和"极轴追踪"功能绘制左视图,如图 4-15 所示。

(4) 在主视图上绘制样条曲线,如图 4-16 所示。单击"绘图"→"样条曲线",操作步骤如下。

命令:_spline   (启动"样条曲线"命令)

指定第一个点或[对象(O)]:   (确定样条曲线 A 点)

指定下一点:<对象捕捉关>   (确定样条曲线 B 点)

指定下一点或[闭合(C)/拟合公差(F)]<起点切向>:   (确定样条曲线 C 点)

指定下一点或[闭合(C)/拟合公差(F)]<起点切向>:

     (确定样条曲线 D 点,回车)

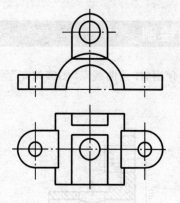

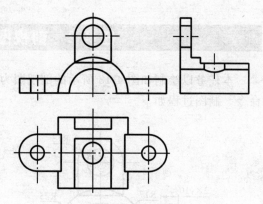

图 4-14　剖视图的绘制(二)　　　　　　　图 4-15　剖视图的绘制(三)

指定起点切向：　　　　　　(鼠标移动至适当位置,确定 A 点的切向)

指定端点切向：　　　　　　(鼠标移动至适当位置,确定 D 点的切向)

(5) 填充剖面线。

① 单击"绘图"→"图案填充",启动"图案填充"命令,弹出"图案填充和渐变色"对话框。

② 单击"图案"下拉列表,选择用于填充的"ANSI31"图案。

③ 单击"图案填充"→"添加:拾取点","图案填充和渐变色"对话框关闭,并切换到绘图窗口。在需要填充剖面线的位置单击,回车确定后,返回"图案填充和渐变色"对话框。

④ 单击"确定",得到如图 4-17 所示的剖面线。

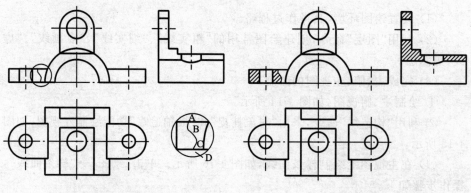

图 4-16　剖视图的绘制(四)　　　　　　　图 4-17　剖视图的绘制(五)

(6) 绘制剖切符号。

① 用"多段线"命令绘制剖切符号,并镜像。单击"绘图"→"多段线",操作步骤如下。

命令：pline　　　　　　　　　　　　　　　　　　(启动命令)

指定起点：

当前线宽为 0.0000

指定下一点或[圆弧(A)/半宽(H)/长度(L)/放弃(U)/宽度(W)]:w

（选择宽度选项）

　　指定起点宽度<0.0000>:1　　　　　　　　　（指定起点线宽为）

　　指定端点宽度<1.0000>:　　　　　　　　　（指定端点线宽为）

　　指定下一点或[圆弧(A)/半宽(H)/长度(L)/放弃(U)/宽度(W)]:5

（指定线长）

　　指定下一点或[圆弧(A)/闭合(C)/半宽(H)/长度(L)/放弃(U)/宽度(W)]:w

（转为画细线）

　　指定起点宽度<1.0000>:0　　　　　　　　　（指定起点线宽为）

　　指定端点宽度<0.0000>:　　　　　　　　　（指定端点线宽为）

　　指定下一点或[圆弧(A)/闭合(C)/半宽(H)/长度(L)/放弃(U)/宽度(W)]:20　　　　　　　　　　　　　　　　　　（指定细线长）

　　指定下一点或[圆弧(A)/闭合(C)/半宽(H)/长度(L)/放弃(U)/宽度(W)]:w　　　　　　　　　　　　　　　　　　（转为画三角形）

　　指定起点宽度<0.0000>:5　　　　　　　　　（指定起点线宽为）

　　指定端点宽度<5.0000>:0　　　　　　　　　（指定端点线宽为）

　　指定下一点或[圆弧(A)/闭合(C)/半宽(H)/长度(L)/放弃(U)/宽度(W)]:12　　　　　　　　　　　　　　　　　　（指定三角形长）

　　指定下一点或[圆弧(A)/闭合(C)/半宽(H)/长度(L)/放弃(U)/宽度(W)]:　　　　　　　　　　　　　　　　　　（结束多线段）

绘制完成后镜像得到左侧的剖切符号。

②用"多行文字"命令或"单行文字"命令注写剖视图的名称(A—A)，如图4-18所示。

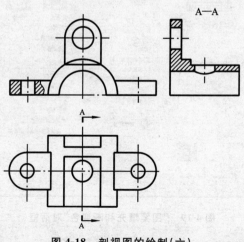

图 4-18　剖视图的绘制(六)

（7）保存图形文件。

知识点1　样条曲线

样条曲线是通过输入一系列控制点而绘制出的一条光滑曲线。机械制图中常用"样条曲线"来绘制波浪线。调用命令的方式如下。

- 菜单命令："绘图"→"样条曲线"
- 工具栏："绘图"→"样条曲线"
- 键盘命令：Spline

启动命令后通过指定若干个点并指定起点、终点的切线方向完成样条曲线的绘制。

知识点2　图案填充及编辑

在绘制机械图、建筑图等图样时，需要填充各种图案，以表示该物体的材料或区分各个组成部分等。AutoCAD 提供了非常方便的图案填充和编辑功能来绘制机件的剖面线。

1. 图案填充

1）命令启动的方式

- 工具栏："绘图"→"图案填充"
- 菜单命令："绘图"→"图案填充"
- 键盘命令：BHatch、Hatch

图案填充命令启动后，弹出"图案填充和渐变色"对话框，如图 4-19 所示。

图 4-19　"图案填充和渐变色"对话框

2）对话框中各选项的含义

（1）"图案填充"选项卡：用于设置图案填充的类型及相关参数。

① "类型和图案"区：设置图案填充的类型和图案。

a．"类型"下拉列表框：用于设置图案填充的类型。包括下列三个选项。

预定义：使用 AutoCAD 系统中已预先定义的填充图案。

用户定义：使用当前线型定义的简单图案，此类型图案是最简单也是最常用的。

自定义：用户根据需要事先定义的图案。

b．"图案"下拉列表框：用于设置填充的图案。当选择"预定义"时，该选项可用。用户还可单击"图案"右侧的按钮，系统将会弹出"填充图案选项板"对话框，如图 4-20 所示。

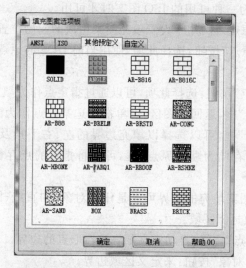

图 4-20　"填充图案选项板"对话框

c．"样例"框：显示所选填充图案的样式。单击显示的图案样例，系统同样会弹出"填充图案选项板"对话框。

d．"自定义图案"框：当填充的图案类型采用"自定义"时，该选项才可用。

② "角度和比例"区。

a．"角度"下拉列表框：用于设置填充图案的角度，可从下拉列表中选择，也可直接输入。

b．"比例"下拉列表框：用于设置填充图案的大小比例。每种图案在定义时初始比例为1。不同比例的填充图案如图 4-21 所示。当选择"用户定义"选项时，该选项不可用。

c．"双向"框：选中该选项，填充图案为网状。只有当填充图案类型选择"用户定义"时，该选项才可用。

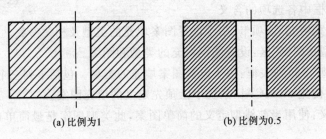

(a) 比例为1　　　　　　　　　(b) 比例为0.5

图 4-21　填充图案比例设置

　　d. "相对图纸空间"复选框：用于确定填充图案按图纸空间单位比例缩放。

　　e. "间距"框：用于设置填充线的间距。只有在"用户定义"时才有效。

　　f. "ISO 笔宽"下拉列表框：设置填充图案的线宽。只有选择了"预定义"类型并将"图案"设置为一种可用的 ISO 图案时才可用。

　　③ "图案填充原点"区：用于设置填充图案生成的起始位置。

　　a. "使用当前原点"按钮：选择此项，使用当前 UCS 的原点(0,0)作为图案填充的原点。

　　b. "指定的原点"按钮：选择此项，可以通过指定点作为填充图案原点。点击"单击以设置新原点"框，返回绘图区，可单击任选某一点作为图案填充原点。选择"默认为边界范围"框，可以选择以填充边界的左、右下角及左、右上角作为图案填充原点。选择"存储为默认原点"框，可以将指定的点存储为默认的图案填充原点。

　　④ "边界"区：图案填充的边界可以是任意对象(如直线、圆、圆弧、多段线和样条曲线等)构成的封闭区域。

　　a. "添加：拾取点"按钮：自动定义围绕该拾取点的边界。

　　b. "添加：选择对象"按钮：来定义区域边界。

　　c. "删除边界(D)"按钮：单击该按钮，可从已定义的边界中删除某些边界，如图 4-22 所示。

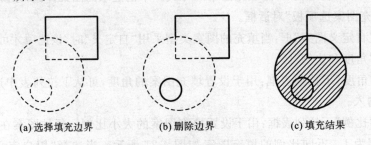

(a) 选择填充边界　　　　　(b) 删除边界　　　　　(c) 填充结果

图 4-22　图案填充边界设置

　　d. "重新创建边界(R)"按钮：用于重新创建图案填充边界，将原填充边界改成多段线或面域。该选项在编辑图案填充时才可用。

e."查看选择集(V)"按钮：用于查看已选择的边界，单击该按钮，已选择的填充边界全部处于被选中的状态。只有已经选择了填充边界，此选项才可用。

⑤"选项"区。

a."注释性(N)"框：指定图案填充为注释性。

b."关联(A)"框：用于确定填充图案与其边界的关系。选中此项，两者有关联性。

c."创建独立的图案填充(H)"框：用于创建独立的图案填充。选择此选项，可以一次填充多个区域，但它们又是各自独立的，可以对其中一个进行修改或删除。

d."绘图次序"框：用于指定图案填充的绘图顺序，图案填充可以放在图案边界及所有其他对象之前或之后。

e."继承特性"按钮：用于将选定的图案填充或填充对象的特性应用到其他图案填充或填充对象上。

⑥"孤岛"区：位于图案填充区域内的封闭边界称为孤岛，它包括文字、属性、图形或实体填充对象等的外框，如图 4-23 所示。"孤岛检测"框用于检测最外侧填充边界内的填充对象，分为"普通"、"外部"、"忽略"三种。

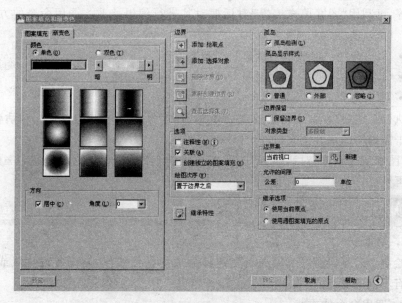

图 4-23　"图案填充和渐变色"对话框

⑦ 边界区："保留边界"框用于设置是否将填充边界以对象形式保留，并从"对象类型"下拉列表中选取。

⑧ "边界集"区：用于定义填充边界的对象集，系统将根据设置的边界集对象来确定填充边界。默认情况下，系统根据"当前窗口"中的所有可见对象确定填

充边界。单击"新建"按钮,可以指定对象类型,定义边界集。

⑨"允许的间隙"区:用于设置将对象用作图案填充边界时,可以忽略的最大间隙。默认值为 0,此值要求对象必须为封闭区域而不能有间隙。

⑩"继承选项"区:使用"继承特性"创建图案填充时,该选项可设置图案填充原点的位置,即"使用当前原点"或"使用源图案填充的原点"。

(2)"渐变色"选项卡:选择用渐变色来填充图形时,该选项用于设置渐变色的类型及相关参数。

①"颜色"区。

a."单色"框、"双色"框:用于设置由一种或两种颜色产生渐变色来填充图形。

b."渐变色"窗口:显示当前设置的渐变色效果。

②"方向"区。

a."居中"框:选中此项,渐变色成对称设置;否则,渐变色向左上方向变化。

b."角度"框:用于设置渐变色填充的角度。

2. 编辑图案填充

创建图案填充后,如需改变填充图案或修改填充比例和角度、改变孤岛检测样式等,可利用"图案填充编辑"对话框对其进行编辑修改。调用命令的方式如下。

- 菜单命令:"修改"→"对象"→"图案填充"
- 工具栏:"修改"→"编辑图案填充"
- 键盘命令:Hatchedit

执行上述命令后,单击需修改的填充图案,弹出"图案填充编辑"对话框(直接双击需编辑的填充图案,也能打开该对话框)。

"图案填充编辑"对话框与"图案填充和渐变色"对话框的内容基本一样,在此不再赘述。

知识点3 多段线命令

1. 功能

绘制由若干段直线和圆弧首尾连接而成的整体线段,其中各段直线或圆弧可以有不同的宽度。

2. 调用命令的方式

- 菜单命令:"绘图"→"多段线"
- 工具栏:"绘图"→"多段线"
- 键盘命令:Pline 或 PL

3. 操作步骤

命令:_pline　　　　　　　　　(启动"多段线"命令)

指定起点： （输入起点）

当前线宽为 0.0000

指定下一点或[圆弧（A）/半宽（H）/长度（L）/放弃（U）/宽度（W）]：

（指定一点或键入一个选项的关键字后回车）

4. 命令行中各选项的含义

（1）"指定下一点"：此选项为多段线的默认选项，用点来响应此提示，可连续绘制一条由多段直线或圆弧组成的多段线。命令行提示如下。

指定下一点或[圆弧（A）/闭合（C）/半宽（H）/长度（L）/放弃（U）/宽度（W）]：（输入一点）

……

指定下一点或[圆弧（A）/闭合（C）/半宽（H）/长度（L）/放弃（U）/宽度（W）]：（输入一点）

（2）"圆弧（A）"：选择此选项，可由绘制直线转换至绘制圆弧，并出现圆弧绘制方式的提示。命令行提示如下。

指定圆弧的端点或[角度（A）/圆心（CE）/闭合（CL）/方向（D）/半宽（H）/直线（L）/半径（R）/第二点（S）/放弃（U）/宽度（W）]：

（3）"闭合（C）"：用于绘制一条闭合的多段线，选择此选项，系统将用一条直线连接多段线的终点和起点并结束命令。

（4）"半宽（H）"：用于改变当前多段线的起点和端点的半宽。对主提示键入"h"后回车，其后的命令行提示如下。

指定起点半宽＜0.0000＞： （输入起点的半宽）

指定端点半宽＜0.0000＞： （输入端点的半宽）

（5）"长度（L）"：提示用户输入下一段多段线的长度，并按此指定长度绘制直线。命令行提示如下。

指定直线的长度： （输入长度）

（6）"放弃（U）"：用于取消所绘制的前一段多段线，连续使用可删除所有绘制的多段线段，直到起点。

（7）"宽度（W）"：用于改变当前多段线的起点和端点的宽度。

对主提示键入"w"后回车，其后的操作步骤与"半宽（H）"的相似，这里不再详细介绍。

项 目 总 结

掌握样条曲线的绘制和图案填充及编辑的方法，会应用所学操作绘制零件的三视图。

对于平面视图的绘制，其绘图步骤应遵循先已知、后未知的顺序。可将图形分成若干部分,看清图样,找出各部分图形之间的关系,尽量减少尺寸输入数值的计算。同时,加强修改命令的练习,以达到熟练、灵活应用的目的。

思考与上机操作

(1) 绘制如图 4-24 至图 4-27 所示三视图。

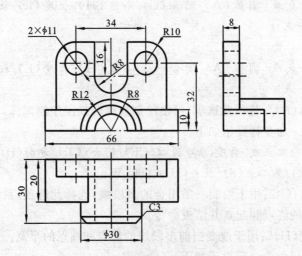

图 4-24　三视图上机操作图(一)

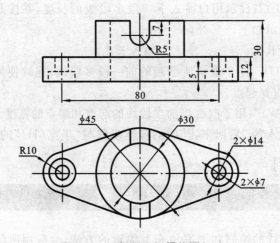

图 4-25　三视图上机操作图(二)

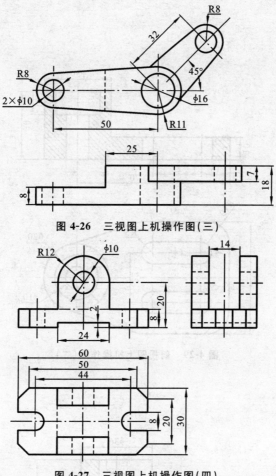

图 4-26 三视图上机操作图(三)

图 4-27 三视图上机操作图(四)

(2)绘制如图 4-28 至图 4-31 所示剖视图。

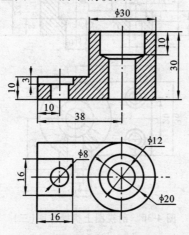

图 4-28 剖视图上机操作图(一)

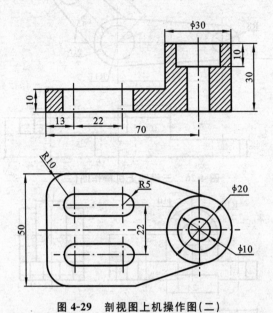

图 4-29　剖视图上机操作图(二)

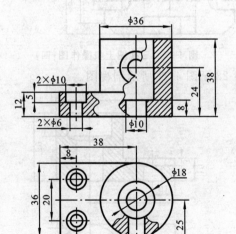

图 4-30　剖视图上机操作图(三)

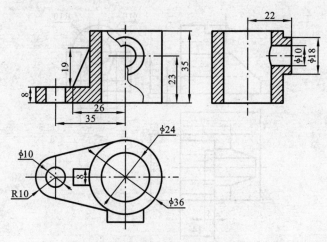

图 4-31 剖视图上机操作图(四)

（3）绘制如图 4-32 至图 4-35 所示三视图。

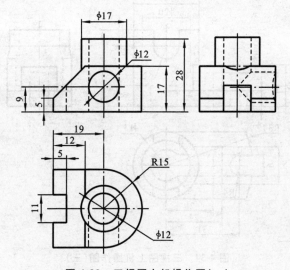

图 4-32 三视图上机操作图(一)

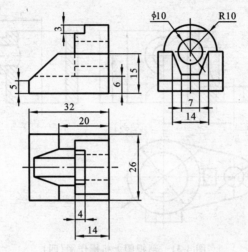

图 4-33　三视图上机操作图（二）

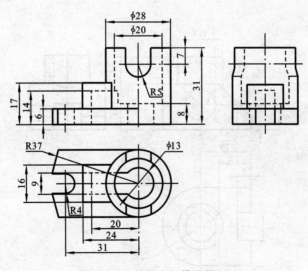

图 4-34　三视图上机操作图（三）

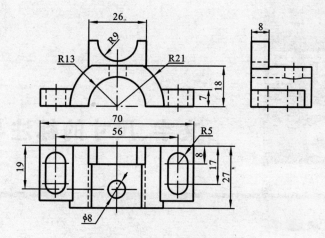

图 4-35 三视图上机操作图(四)

项目

5

文字、尺寸的标注与编辑

知识目标

(1) 掌握创建、修改文字样式的方法。

(2) 掌握单行文字、多行文字的注写方法。

(3) 掌握编辑文字的方法。

(4) 掌握创建、修改标注样式的方法。

(5) 掌握尺寸的正确标注方法。

(6) 掌握尺寸标注的编辑方法。

能力目标

(1) 能根据需要正确创建、修改文字样式。

(2) 能正确注写单行文字、多行文字。

(3) 能根据需要正确创建、修改标注样式。

(4) 能正确标注图形尺寸，且符合国家标准中关于机械制图的规定。

任务 1 　文字的录入与排版

本任务以录入并排版如图 5-1 所示文字为例，介绍"文字样式"、"单行文字"、"多行文字"、"文字编辑"等命令。操作过程如下。

(1) 绘制图形并标注尺寸，如图 5-2 所示。

(2) 新建"黑体"文字样式。

① 单击"格式"→"文字样式"，弹出"文字样式"对话框。

② 单击"新建"，弹出"新建文字样式"对话框。在"样式名"文本框中输入"黑体"，并单击"确定"，返回主对话框。

③ 在"字体名"下拉列表框中选择"黑体"，在图纸文字"高度"框中输入"3"，

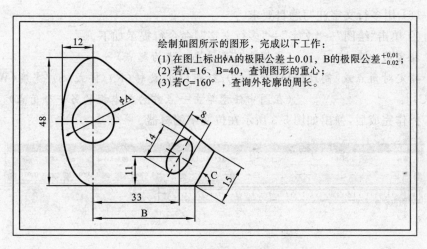

绘制如图所示的图形，完成以下工作：

(1) 在图上标出φA的极限公差±0.01，B的极限公差$^{+0.01}_{-0.02}$；

(2) 若A=16、B=40，查询图形的重心；

(3) 若C=160°，查询外轮廓的周长。

图 5-1　文字的录入与排版(一)

其余为默认值。

④ 单击"应用"完成"黑体"文字样式设置，单击"关闭"退出"文字样式"对话框。

(3) 新建"宋体"文字样式。

① 单击"格式"→"文字样式"，弹出"文字样式"对话框。

② 单击"新建"，弹出"新建文字样式"对话框。在"样式名"文本框中输入"宋体"，并单击"确定"，返回主对话框。

③ 在"字体名"下拉列表框中选择"宋体"，其余为默认值。

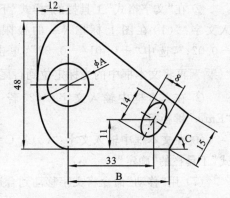

图 5-2　文字的录入与排版(二)

④ 单击"应用"完成"宋体"文字样式设置，单击"关闭"退出"文字样式"对话框。

(4) 单击"样式"工具栏中"文字样式控制"下拉箭头，选择"黑体"，将其设置为当前文字样式。

(5) 用单行文字注写标题。

① 单击"绘图"→"文字"→"单行文字"，命令行提示如下。

指定文字的起点或[对正(J)/样式(S)]：(任意指定一点作为文本框的一个角点)

指定文字的旋转角度<0>：0

在弹出的文本框中输入文字："绘制如图所示的图形，完成以下工作："。

② 按"ESC"键结束当前命令。

(6) 用多行文字注写题目要求。

① 单击"绘图"→"文字"→"多行文字",命令行提示如下。

指定第一角点：　　　　（在图中任意单击一点为起点）

指定对角点或[高度（H）/对正（J）/行距（L）/旋转（R）/样式（S）/宽度（W）/栏（C）]：　　　　（在图中任意单击一点作为文本框的另一个角点）

操作完成后，弹出如图 5-3 所示在位文字编辑器。

图 5-3　在位文字编辑器

② 在"文字格式"工具栏的"样式"下拉列表框中选择"宋体"，在文本框中输入文字："(1)在图上标出 ϕA 的极限公差 ± 0.01，B 的极限公差 $+0.01/-0.02$；"，选中"$+0.01/-0.02$"，单击"文字格式"工具栏中的"堆叠"按钮"[图标]"，再将文本框中的光标定位到行尾，按"Enter"键换行。

③ 在文本框中输入文字："(2)若 A＝16，B＝40，查询图形的重心；"，按"Enter"键换行。

④ 在文本框中输入文字："(3)若 C＝160°，查询外轮廓周长。"，单击"文字格式"工具栏的"确定"。

(7) 用"移动"命令将文字移动到合适的位置，最终效果如图 5-4 所示。

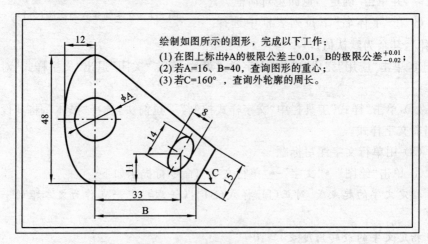

图 5-4　文字的录入与排版（三）

知识点 1　文字样式的创建

文字是工程图样中不可缺少的组成部分,文字样式是对文字特性的一种描述,包括字体、高度、宽度比例、倾斜角度及排列方式等。在对图形进行文本标注前,需要对文本样式进行设置,才能得到统一、标准的文本标注。

1. 启动"文字样式"的方式

- 工具栏:"文字"工具栏
- 菜单命令:"格式"→"文字样式"
- 键盘命令:Style

执行 Style 命令后,弹出如图 5-5 所示"文字样式"对话框。在"文字样式"对话框中单击"新建"按钮 新建(N)... ,弹出"新建文字样式"对话框,如图 5-6 所示。

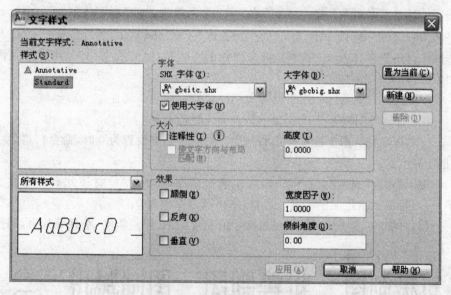

图 5-5　"文字样式"对话框

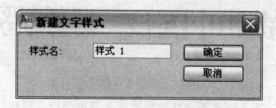

图 5-6　"新建文字样式"对话框

在"样式名"文本框中输入文字样式名称,单击"确定",系统返回"文字样式"对话框,并在"样式"文本框中显示新建的文字样式名。

在"字体名"下拉列表中选择西文字体"gbeitc.shx",勾选 ☑ 使用大字体(U)，在"字体样式"下拉列表中选择"gbcbig.shx"，如图 5-5 所示。依次单击"应用"和"关闭"按钮，即创建了一种新的文字样式。

2. "文字样式"对话框中各常用选项的含义

设置字高和特殊效果等外部特征及修改、删除文字样式等操作，均在"文字样式"对话框中进行。

(1)"样式(S)"选项区　列出了图样已定义的文字样式名称，可从中选择一种，对其特性进行修改或将其作为当前样式。

(2)"新建(N)..."按钮　单击此按钮，可以创建新文字样式。

(3)"删除(D)..."按钮　用于删除已创建的某种文字样式，但当前文字、Standard 及已经被使用的文字样式不能被删除。

(4)"字体"选项区　在该选项区的下拉列表中罗列了可供选用的不同类型的字体。一类是带有" **T** "标志的 Windows 系统提供的"真字体"("TrueType"字体)；一类是 AutoCAD 自带的"形字体"(*.shx)，其中"gbenor.shx"和"gbeitc.shx"(斜体西文)字体是符合国标的工程字体。"大字体"是指专为亚洲国家设计的文字字体。

(5)"大小"选项区　用于设置文字样式使用的字高属性。

① "注释性"框：用于设置文字是否为注释性对象。

② "高度"框：用于设置文字的高度。当文字高度设置为 0 时，命令行将显示"指定高度："。

提示：若在"高度"文本框中输入了文字高度，AutoCAD 将按此高度标注文字，且不再提示指定文字高度。通常，字体高度默认为 0。

(6)"效果"选项区　用于设置文字的宽度比例、倾斜角度、垂直等效果，如图 5-7 所示。

机械制图
(a) 正常　　　(b) 颠倒　　　(c) 反向

ABCD

机械制图　机械制图
(d) 宽度因子　　　(e) 倾斜角度　　　(f) 垂直

图 5-7　文字的各种效果

① 宽度因子：用于设置文字字符的高度和宽度之比。当默认宽度为 1 时，系统将按自定义的高宽比书写文字；当比例大于 1 时，字符变宽；当比例小于 1 时，字符变窄。

② 倾斜角度：用于设置文字的倾斜角度。默认角度为 0 时，字符不倾斜，角

度大于零时,字符向右边倾斜,角度小于 0 时,字符向左边倾斜。

③ 垂直:用于设置是否将文字垂直书写,但垂直效果对汉字字体无效。

④ 颠倒:用于设置是否将文字倒过来书写。

⑤ 反向:用于设置是否将文字反向书写。

知识点 2 文字的注写

对于一张完整的图样,必要的文字说明是不可或缺的。文字的注写主要包括单行文字、特殊字符及多行文字的注写。

1. 单行文字的注写

利用"单行文字"命令,可以动态书写一行或多行文字,每一行文字为一个独立的对象,可单独进行编辑修改。调用命令的方式如下。

- 菜单命令:"绘图"→"文字"→"单行文字"
- 工具栏:"文字"→ **A**
- 键盘命令:Dtext 或 Text、DT

2. 特殊字符的注写

当用户使用"单行文字"命令注写文字时,有些符号(如直径符号、正负公差符号、度符号及上画线、下画线等)不能通过键盘直接输入,只能输入特定的控制代码来创建。常用的控制代码及其输入实例和输出效果见表 5-1。

表 5-1 常用的控制代码及其输入实例和输出效果

特殊字符	控制代码	输入实例	输出效果
直径符号(Φ)	%%c	%%c30	Φ30
度符号(°)	%%d	45%%d	45°
正负符号(±)	%%p	%%p0.1	±0.1
上画线(̄)	%%o	%%oAB%%oCD	$\overline{ABCD}$
下画线(＿)	%%u	%%uAB%%uCD	ABCD
百分号(%)	%%%	10%%%	10%

3. 多行文字的注写

利用"多行文字"命令,可以在绘图窗口指定的矩形边界内创建多行文字段落,且所有文字可作为一个整体进行编辑。使用"多行文字"命令,可以方便灵活地编辑段落中的文字,还可以从其他文件输入或粘贴文字。

1) 调用命令的方式

- 菜单命令:"绘图"→"文字"→"多行文字"
- 工具栏:"文字"→ **A** 或"绘图"→ **A**

117

- 键盘命令：Mtext 或 MT

2）操作步骤

命令：_mtext 当前文字样式："Standard"当前文字高度：2.5

指定第一角点：

指定对角点或［高度（H）/对正（J）/行距（L）/旋转（R）/样式（S）/宽度（W）/栏（C）］：

通过指定对角点确定一个可输入文字的矩形框，该框决定文字对象的位置和文字行的宽度。在用户指定对角点后，弹出如图 5-8 所示的在位文字编辑器。在位文字编辑器由"文字格式"工具栏、带标尺的文本框和选项菜单组成。

图 5-8　在位文字编辑器

"文字格式"工具栏中各按钮的作用大多与 Word 中的相同，这里不再赘述，只介绍堆叠文字和特殊字符的输入。

堆叠文字是一种垂直对齐的文字或分数，需堆叠的文字间使用"/"、"♯"或"^"分隔。

（1）符"^"　创建公差堆叠，如注写公差 $50^{+0.01}_{-0.02}$ 时，在输入 $50+0.01^-0.02$ 后，选择"$+0.01^-0.02$"，单击"堆叠"按钮 。

（2）符"/"　创建水平分数堆叠，如注写 $\frac{4}{5}$ 时，在输入 4/5 后，选择"4/5"，单击"堆叠"按钮 。

（3）符"♯"　创建斜分数堆叠，如注写 $\frac{4}{5}$ 时，在输入 4♯5 后，选择"4♯5"，单击"堆叠"按钮 。

提示：巧妙使用堆叠字符"^"，能注写文字的上标或下标。例如，注写 A^2 时，在输入"A2^"后，选择"2^"，单击"堆叠"按钮 。又如，注写 B_1 时，在输入"B^1"后，选择"^1"，单击"堆叠"按钮 。

知识点 3　文字的编辑

在文字注写之后，常常需要对文字的内容和特性进行编辑和修改，用户可以采用"编辑文字"命令编辑文字内容和修改文字样式。

1. 调用命令的方式

- 菜单命令："修改"→"对象"→"文字"→"编辑"
- 工具栏："文字"→
- 键盘命令：Ddedit

2. 操作方法

启动文字编辑命令后，可打开不同的对话框。选择单行文字，显示"编辑文字"对话框，可以显示所选文字，也可以输入新文字，对文字进行修改编辑，单击"确定"按钮，退出对话框。单行文字一次只能编辑一行。

选择多行文字，则显示"编辑多行文字"对话框，可在其中进行编辑修改。

任务2　尺寸标注与编辑

本任务以标注如图5-9所示尺寸为例，介绍"标注样式"、"线性"、"对齐"、"基线"、"连续"、"标注打断"、"标注间距"等命令。操作步骤如下。

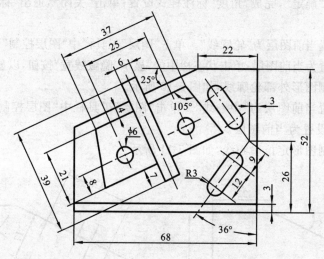

图 5-9　尺寸标注(一)

（1）新建"轮廓线"、"中心线"、"尺寸线"、"辅助线"图层。

（2）新建"尺寸"文字样式。

（3）新建"线性"标注样式。

① 单击"格式"→"标注样式"，弹出"标注样式管理器"对话框。

② 单击"新建"，弹出"创建新标注样式"对话框，在"新样式名"文本框中输入"线性"，并单击"继续"，返回主对话框。

③ 切换到"线"选项卡，将"尺寸线"区的"颜色"、"线型"、"线宽"下拉列表框均设为"ByLayer"，"基线间距"设为 7；将"延伸线"区的"颜色"、"延伸线 1 的线

型"、"延伸线2的线型"、"线宽"下拉列表框均设为"ByLayer"。其余为默认值。

④ 切换到"箭头和符号"选项卡,将"箭头大小"设为2,"圆心标记"设为无。其余为默认值。

⑤ 切换到"文字"选项卡,单击"文字样式"下拉列表箭头,选择"尺寸";再将"从尺寸线偏移"设为1。其余为默认值。

⑥ 切换到"主单位"选项卡,单击"精度"下拉列表箭头,选择"0"。其余为默认值。

⑦ 单击"确定",完成"线性"标注样式设置;单击"关闭",退出"标注样式管理器"对话框。

(4) 新建"角度"标注样式。

① 单击"格式"→"标注样式",弹出"标注样式管理器"对话框。

② 单击"新建",弹出"新建标注样式"对话框,单击"用于"下拉列表箭头,选择"角度标注",并单击"继续",返回主对话框。

③ 切换到"文字"选项卡,将"文字对齐"选项区设置为"水平"。其余为默认值。

④ 单击"确定",完成"角度"标注样式设置;单击"关闭",退出"标注样式管理器"对话框。

(5) 设置当前图层为"轮廓线"。单击"图层"工具栏中"图层控制"下拉箭头,将"轮廓线"设置为当前图层;单击状态栏中的"显示/隐藏线宽"按钮,以显示线宽。

(6) 绘制图形外部轮廓线,如图5-10所示。

(7) 设置当前图层为"中心线"。单击"图层"工具栏中"图层控制"下拉箭头,将"中心线"设置为当前图层。

(8) 绘制图形定位中心线,如图5-11所示。

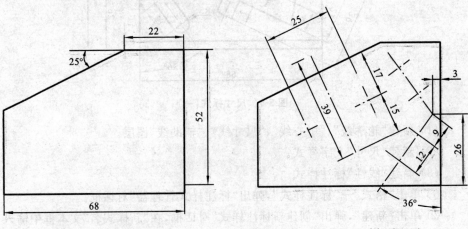

图 5-10　尺寸标注(二)　　　　　　图 5-11　尺寸标注(三)

(9) 设置当前图层为"轮廓线"。单击"图层"工具栏中"图层控制"下拉箭头,将"轮廓线"设置为当前图层。

（10）绘制图形余下的轮廓线，如图 5-12 所示。

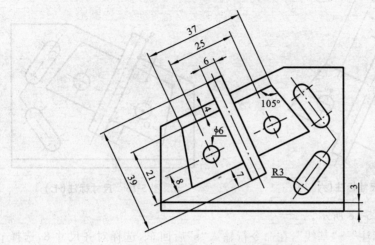

图 5-12　尺寸标注（四）

（11）将定位中心线两端延长 3 mm，如图 5-13 所示。

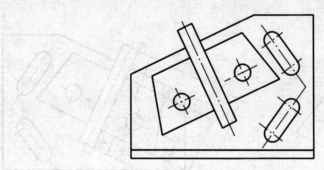

图 5-13　尺寸标注（五）

（12）设置当前标注样式为"线性"标注样式。单击"样式"工具栏中"标注样式控制"下拉箭头，将"线性"设置为当前标注样式。

（13）设置当前图层为"尺寸线"。单击"图层"工具栏中"图层控制"下拉箭头，将"尺寸线"设置为当前图层。

（14）尺寸标注。

① 单击"标注"→"对齐"，选择线段 A 的两端点，完成对齐尺寸 6 的标注；选择 a、b 两点，完成对齐尺寸 25 的标注；选择线段 B 的两端点，完成对齐尺寸 37 的标注，如图 5-14 所示。

② 单击"标注"→"对齐"，选择 a、b 两点，完成对齐尺寸 4 的标注；选择 c、d 两点，完成对齐尺寸 7 的标注，如图 5-15 所示。

③ 单击"标注"→"连续"，在命令行输入"s"后回车，选择对齐尺寸 7，选择圆心 O，完成连续尺寸 8 的标注；选择连续尺寸 8，选中其中一夹点，将其放置在合

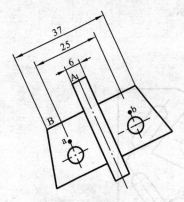

图 5-14　尺寸标注(六)

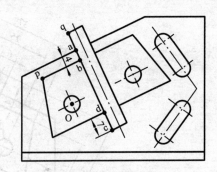

图 5-15　尺寸标注(七)

适的位置,如图 5-16 所示。

④ 单击"标注"→"基线",在命令行输入"s"后回车,选择对齐尺寸 8,选择 p 点,完成基线尺寸 21 的标注;单击"标注"→"基线",在命令行输入"s"后回车,选择对齐尺寸 7,选择 q 点,完成基线尺寸 39 的标注;选中对应的尺寸将其放置在合适位置,如图 5-17 所示。

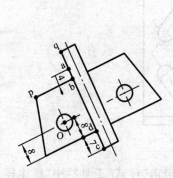

图 5-16　尺寸标注(八)

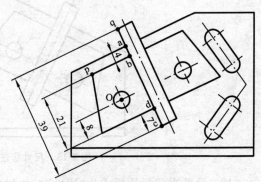

图 5-17　尺寸标注(九)

⑤ 单击"标注"→"角度",选择线段 A 和线段 B,完成角度尺寸 25°的标注;选择线段 C 和线段 D,完成角度尺寸 105°的标注;选择线段 E 和中心线 F,完成角度尺寸 36°的标注。如图 5-18 所示。

⑥ 单击"标注"→"对齐",选择线段 A 的两端点,完成线性尺寸 22 的标注;选择线段 B 的两端点,完成线性尺寸 68 的标注;选择 a、b 两点,完成对齐尺寸 3 的标注;选择 c、d 两点,完成对齐尺寸 9 的标注。单击"标注"→"线性",选择 c、f 两点,完成对齐尺寸 3 的标注。如图 5-19 所示。

⑦ 单击"标注"→"连续",在命令行输入"s"后回车,选择对齐尺寸 9,选择 e 点,完成连续尺寸 12 的标注。单击"标注"→"基线",在命令行输入"s"后回车,选择对齐尺寸 3,分别选择 c 点和 f 点,完成基线尺寸 26 和 52 的标注。选中对应

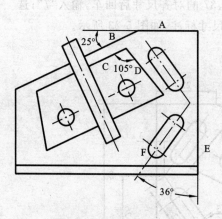

图 5-18 尺寸标注(十)

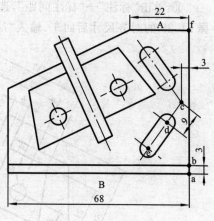

图 5-19 尺寸标注(十一)

的尺寸将其放置在合适位置,如图 5-20 所示。

⑧ 单击"标注"→"半径",选择对应的圆弧,完成 R3 圆弧半径的标注;单击"标注"→"直径",选择对应的圆,完成 φ6 圆直径的标注。如图 5-21 所示。

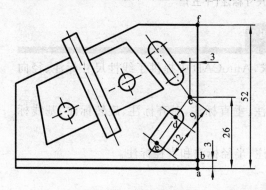

图 5-20 尺寸标注(十二)

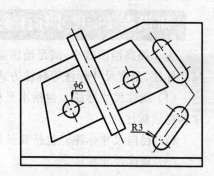

图 5-21 尺寸标注(十三)

⑨ 单击"标注"→"标注打断",选择 25 的线性尺寸和 105°的角度尺寸,如图 5-22 所示。

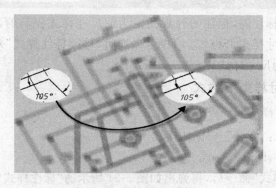

图 5-22 尺寸标注(十四)

123

⑩ 单击"标注"→"标注间距",选择 6、25、37 的对齐尺寸后回车,输入"7";选择 21、39 的对齐尺寸后回车,输入"7"。完成尺寸标注,如图 5-23 所示。

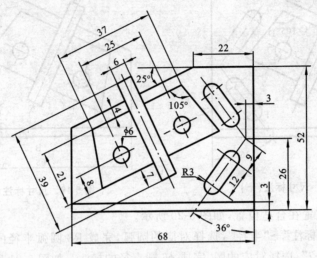

图 5-23　尺寸标注(十五)

知识点 1　尺寸标注类型

为了提高绘图效率,满足绘图要求,AutoCAD 中提供了线性尺寸标注、径向尺寸标注、角度尺寸标注等标注方式。

（1）线性尺寸标注。包括水平标注、垂直标注、对齐标注、旋转标注、基线标注和连续标注。

（2）径向尺寸标注。包括弧长标注、半径标注和直径标注。

（3）角度尺寸标注。

（4）圆心标注。

（5）特殊标注。包括引线标注、坐标标注、折弯标注、折断标注和标注间距。

知识点 2　尺寸标注样式的设置

在创建尺寸标注时,标注的外观是由当前尺寸样式控制的,AutoCAD 提供了一个默认的尺寸样式 ISO-25,用户可以通过"修改标注样式"对话框修改此样式,或创建自己的尺寸样式。

1. 启动"尺寸样式"的方式

• 工具栏:"样式"→ ⊷

• 菜单命令:"格式"→"标注样式"

• 键盘命令:Dimstyle 或 D

启动"尺寸样式"命令后,将弹出如图 5-24 所示的"标注样式管理器"对话框。

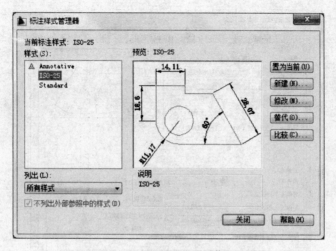

图 5-24 "标注样式管理器"对话框

2. "标注样式管理器"对话框中各选项的含义

(1)"当前标注样式":显示当前正在使用的样式名称。

(2)"样式"框:显示所有标注样式的名称,可单击选择已有的样式。

(3)"预览"框:显示当前标注样式的标注效果。

(4)"列出"列表框:决定样式列表框中显示的样式种类,根据选择"所有样式"或"正在使用的样式"而显示不同的内容。

(5)"置为当前"按钮:将"样式"列表框中选中的标注样式设置为当前使用的样式。

(6)"新建"按钮:单击此按钮,弹出如图 5-25 所示的"创建新标注样式"对话框。其中,"新样式名"文本框用于输入新建样式名;"基础样式"下拉列表用于选择以哪个样式为基础开始创建新样式,即选择基础样式;"用于"下拉列表可限定新建样式的应用范围。单击"继续"按钮,弹出如图 5-26 所示的"新建标注样式"对话框。

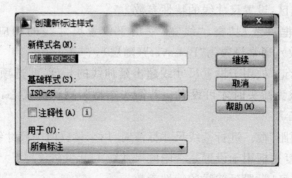

图 5-25 "创建新标注样式"对话框

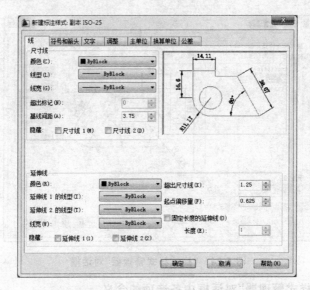

图 5-26 "新建标注样式"对话框

（7）"修改"按钮：单击此按钮，弹出"修改标注样式"对话框，可对选中的样式进行修改。

（8）"替代"按钮：单击此按钮，弹出"替代标注样式"对话框，可创建临时的标注样式。

（9）"比较"按钮：用于比较两种已存在的标注样式的不同，或查看一个样式的特性。

提示：选择"修改"样式后，会影响已作的和将作的尺寸标注；选择"替代"样式后，仅影响将作的尺寸标注，对已作的尺寸标注没有影响。

3. "新建标注样式"对话框各选项卡的含义

1）"线"选项卡

"线"选项卡用于设置尺寸线、延伸线的格式和特性，如图 5-26 所示。

（1）尺寸线区：设置尺寸线的特性参数。

① "颜色"框、"线型"框、"线宽"框用于设置尺寸线的相应特性，默认为"ByBlock"（随块），通常设置为"ByLayer"（随层）。

② "超出标记"框用于设置尺寸线超出延伸线的长度，此选项只有当箭头样式设置为斜线或无箭头时才可设置。若箭头类型为默认的实心，则不能设置本项目。

③ "基线间距"框。进行基线尺寸标注时，用来设置两个尺寸线间的距离。

④ "隐藏"复选框用于设置是否隐藏尺寸线 1、尺寸线 2。

（2）延伸线区：设置延伸线的特性参数。

① "颜色"框、"延伸线 1 的线型"、"延伸线 2 的线型"框、"线宽"框的设置与

尺寸线的设置类似,通常均选择"ByLayer"(随层)。

② "隐藏"复选框用于设置是否隐藏延伸线1、延伸线2。

③ "超出尺寸线"框用于设置延伸线超出尺寸线的距离。

④ "起点偏移量"框用于设置延伸线起点相对于图形中标注点的偏移距离。

⑤ "固定长度的延伸线"复选框。选中此框,启用固定长度的延伸线。长度是指延伸线实际起始点到延伸线与尺寸线交点之间的距离。

2)"符号和箭头"选项卡

"符号和箭头"选项卡用于设置箭头、圆心标记、弧长符号和半径折弯的格式和位置,如图 5-27 所示。

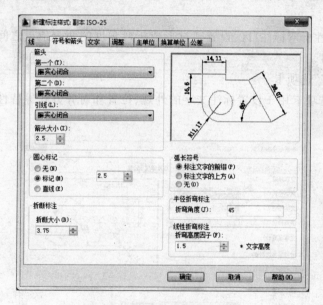

图 5-27 "符号和箭头"选项卡

(1)箭头区:设置箭头的特性参数。

① "第一个"框用于设置第一条尺寸线的箭头形式。当改变第一个箭头的类型时,第二个箭头将自动改变,以同第一个箭头相匹配;若第二个箭头需设置为不同类型时,可在"第二个"框中另选。

② "第二个"框用于设置尺寸线的第二个箭头形式。

③ "引线"框用于设置引线的箭头形式。

④ "箭头大小"框用于设置箭头的大小。

AutoCAD 设置了 20 多种箭头形式,以适应不同的要求。在机械制图中,通常选择"实心闭合"类箭头且尺寸线的两个箭头应一致。

(2)"圆心标记"区:设置直径标注和半径标注的圆心标记、中心线的外观。

① 类型:圆心标记的类型为"无"、"标记"和"直线"。其中,选择"标记"单选

按钮可对圆或圆弧绘制圆心标记；选择"直线"单选按钮，可对圆或圆弧绘制中心线；选择"无"单选按钮，则没有任何标记。

② 大小：设置圆心标记的大小。如果类型为"标记"，则指标记的长度大小；如果类型为"直线"，则指中间的标记长度及直线超出圆或圆弧轮廓线的长度。

（3）"折断标注"区：设置折断标注线的长度大小。

（4）"弧长符号"区：设置弧长标注中圆弧符号的显示及显示的位置。显示的类型为"标注文字的前缀"、"标注文字的上方"和"无"，分别表示将弧长符号放在标注文字的前面、上方和不显示弧长符号。

（5）"半径折弯标注"区：设置折弯半径标注时的折弯角度大小，折弯角度允许的范围为5°～90°。

（6）"线性折弯标注"区：设置通过形成折弯角度的两个顶点之间的距离，即确定折弯高度。

3）"文字"选项卡

"文字"选项卡用于设置标注文字的外观、位置和对齐方式等特性，如图5-28所示。

图5-28 "文字"选项卡

（1）"文字外观"选项区：设置文字的样式、颜色、高度和分数高度比例，以及控制是否绘制文字边框等。

① "文字样式"框用于选择或创建标注文字的样式，也可以单击其后的 ⋯ 按钮，打开"文字样式"对话框，选择文字样式或新建文字样式。

② "文字颜色"框用于设置标注文字的颜色，一般选择"ByLayer"。

③ "填充颜色"框用于设置标注文字背景，一般不设背景，即为"无"。

④"文字高度"框用于设置标注文字的高度,默认高度为 2.5。

⑤"分数高度比例"框用于设置分数高度相对于标注文字高度的比例,仅当在"主单位"选项卡上选择"分数"作为"单位格式"时,此选项才可用。

⑥"绘制文字边框"复选框用于设置是否给标注文字加边框,默认不选择此项。

(2)"文字位置"选项区:设置标注文字的放置位置和方式。

①垂直"框用于控制标注文字相对于尺寸线在垂直方向的位置,有"居中"、"上"、"外部"、"下"和"JIS"五种。其中,"居中"表示将文字放在尺寸线的中断处;"上"表示将文字放在尺寸线的正上方;"外部"表示将标注文字放在远离标注对象的尺寸线一侧;"下"表示将文字放在尺寸线的正下方;"JIS"则表示按 JIS(日本工业标准)放置文字,如图 5-29 所示。

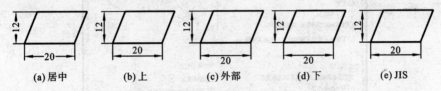

图 5-29　文字垂直位置

②"水平"框用于控制标注文字相对于尺寸线在水平方向的位置,有"居中"、"第一条延伸线"、"第二条延伸线"、"第一条延伸线上方"、"第二条延伸线上方"五种,如图 5-30 所示。

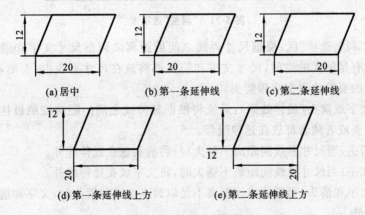

图 5-30　文字水平位置

③"观察方向"框用于控制标注文字的观察方向,默认设置为"从左到右"。

④"从尺寸线偏移"框用于设置尺寸文字离尺寸线的间隙。

(3)"文字对齐"选项区:控制标注文字的书写方向。

①水平:所有标注的尺寸文本均水平放置,不考虑尺寸线的方向。

②与尺寸线对齐:标注的尺寸文本始终都按尺寸线方向标注,即文字方向与

尺寸线垂直。

③ ISO 标准:当文字在延伸线内时,文字与尺寸线对齐;当文字在延伸线外时,文字水平放置。

4)"调整"选项卡

"调整"选项卡用于设置标注文字、尺寸箭头、引线和尺寸线的位置,如图5-31所示。

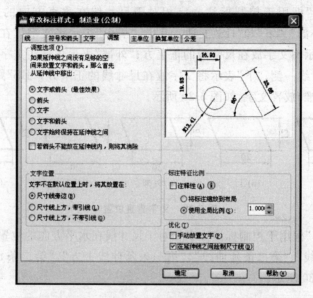

图 5-31 "调整"选项卡

(1)"调整选项"区:根据尺寸界线之间的距离来调整尺寸文字和箭头的位置。如果有足够大的空间,尺寸文字和箭头都将放在尺寸界线内;否则,将按照以下选项的要求放置文字和箭头。

① 文字或箭头(最佳效果):系统将根据延伸线之间的距离按照最佳效果将文字或箭头或者两者都放在延伸线外。

② 箭头:当尺寸界线间距离不够大时,将箭头放在延伸线外。

③ 文字:当尺寸界线间距离不够大时,将文字放在延伸线外。

④ 文字和箭头:当延伸线间距离不足以放下文字和箭头时,文字和箭头都移到延伸线外。

⑤ 文字始终保持在延伸线之间:所标注文字始终保持在延伸线之内。

⑥ 若箭头不能放在延伸线内,则将其消除:若选中此选项则可以不显示箭头。

对于"调整"选项卡,在绘制样板文件时,一般采用默认值。

(2)"文字位置"区:设置标注文字不在默认位置时的放置位置。

① 尺寸线旁边:当标注的文字不能放置在默认位置时,将尺寸文本放在延伸

线旁边。

② 尺寸线上方,带引线:当标注的文字不能放置在默认位置时,系统创建一条引线,将尺寸文字放置在尺寸线的上方。

③ 尺寸线上方,不带引线:当标注的文字不能放置在默认位置时,将尺寸文字放置在尺寸线的上方,不加引出线。

(3)"标注特征比例"区:用来设置一种标注样式或图纸空间的比例。

① 使用全局比例:对全部尺寸标注设置缩放比例,不影响标注的测量值,默认设置为1。

② 将标注缩放到布局:设置当前模型空间视图与图纸空间之间的缩放比例,默认设置为1。

(4)"优化"区:对标注文字和尺寸线进行微调,包括两个复选框。

① 手动放置文字:选中此功能,则忽略标注文字的水平设置,标注时可将文字放置于指定位置。

② 在延伸线之间绘制尺寸线:选中此功能后,当尺寸、箭头移出尺寸分界线之外时,也可在尺寸界线之内绘出尺寸线。

5)"主单位"选项卡

"主单位"选项卡可以设置主单位的格式与精度等属性,如图5-32所示。

图5-32　"主单位"选项卡

(1)"线性标注"区:用来设置线性标注的单位格式与精度。

① 单位格式:设置除角度标注之外的其余各标注类型的尺寸单位,机械制图中选择"小数"。

② 精度:设置除角度标注之外的其他标注尺寸的精度,机械制图中选择0.00。

③ 分数格式：设置分数的格式，包括"水平"、"对角"和"非堆叠"三种方式。

④ "小数分隔符"下拉列表：设置小数的分隔符，包括"逗点"、"句点"和"空格"三种方式，一般选用"句号"。

⑤ 舍入：用于设置除角度标注外的尺寸测量值的圆整规则。

⑥ "前缀"和"后缀"：设置标注文字的前缀和后缀，在相应的文本框中输入字符即可。例如，标注非圆视图的直径时，可以在"前缀"文本框输入"％％C"。

⑦ "测量单位比例"选项：可设置测量尺寸的缩放比例，AutoCAD 的实际标注值为测量值与该比例的乘积，默认设置为 1，只有在局部视图中标注尺寸时才会使用此功能。

提示：应将测量单位的比例因子设置为绘图比例因子的倒数，为作图方便，绘图时一般采用 1:1 的比例。

（2）"消零"选项区：用于控制尺寸文字是否显示无效的数字 0，通常不消除前导零，后续零一般要消除。

（3）"角度标注"选项区：使用"单位格式"设置标注角度的单位；使用"精度"下拉列表设置角度的精度；使用"消零"选项设置是否消除角度尺寸的前导零和后续零。

6）"换算单位"选项卡

"换算单位"选项卡主要实现英制与公制之间的单位换算。由于我国采用公制，这一选项卡的功能基本不用，故本项目保持系统默认选项即可。

7）"公差"选项卡

"公差"选项卡用来设置是否标注公差，以及标注公差时尺寸公差的格式，如图 5-33 所示。

图 5-33 "公差"选项卡

(1)“公差格式”区:设置公差的方式、精度、上偏差、下偏差等。

① 方式:确定以何种方式标注公差,如图 5-34 所示。

(a) 无　(b) 对称　(c) 极限偏差　(d) 极限尺寸　(e) 基本尺寸

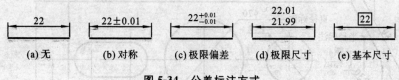

图 5-34　公差标注方式

② 上偏差、下偏差:分别设置尺寸的上、下偏差,默认上偏差为正,下偏差为负。

③ 高度比例:确定公差文字与主单位文字的高度比例。

④ 垂直位置:控制公差文字相对于尺寸文字的位置,有“上”、“中”、“下”三种方式,一般选择“中”。

(2)“换算单位公差”区:设置换算单位公差的精度和是否消零等。

提示:由于图样中每个尺寸对公差的要求不完全一致,因此在制作样板图形时,除了设置“高度比例”为“0.7”、“垂直位置”为“中”外,其余不作设置,即将“公差格式”中的“方式”选为“无”。图纸中有公差要求的尺寸,通常通过修改其属性来实现。

知识点 3　尺寸标注命令

尺寸样式创建后就可以进行尺寸标注了。为方便操作,在尺寸标注前应专门建立一个“尺寸线”图层,将其设置为当前层,并充分利用对象捕捉功能。调用如图 5-35 所示的“标注”工具栏。标注尺寸时,选择延伸线的两点或选择要标注尺寸的对象,再指定尺寸线的位置即可完成操作。用户只需标注了一两个尺寸就可以触类旁通,因此,有关内容不再一一介绍。在此,主要介绍各标注的功能。

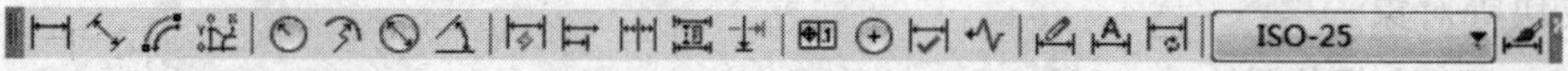

图 5-35　“标注”工具栏

1. 线性标注

用于标注水平、垂直尺寸和以指定角度放置的线性尺寸,如图 5-36 所示。

2. 对齐标注

用于标注倾斜的线性尺寸,尺寸线与两尺寸界线的起点连线相平行,如图 5-36所示。

3. 基线标注

用于标注以一条寸界线为基线的一组相互平行的线性尺寸或角度尺寸,如图 5-36 所示。

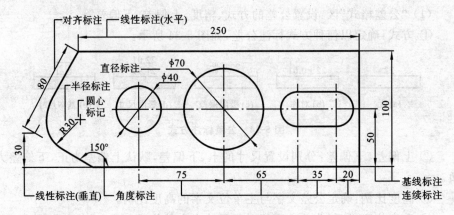

图 5-36　尺寸标注示例

4. 连续标注

用于标注与一现有尺寸首尾相连的一组线性尺寸,如图 5-36 所示。

5. 弧长标注

用于标注圆弧的弧长,如图 5-36 所示。

6. 半径标注

用于标注圆和圆弧的半径,且自动添加半径符号"R",如图 5-36 所示。

7. 直径标注

用于标注圆和圆弧的直径,且自动添加直径符号"φ",如图 5-36 所示。

8. 角度标注

用于标注圆、圆弧或两条直线所夹的角,如图5-36所示。

9. 引线标注

用于标注序号、倒角、形位公差等。多重引线包含箭头、水平基线、多行文字或块等对象。

10. 坐标标注

用于标注图形中的任意点相对于基准点的坐标值。

11. 圆心标注

用于标注圆或圆弧的圆心标记和中心线,如图 5-36 所示。

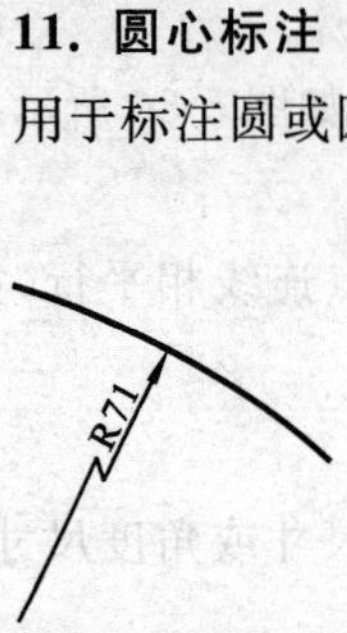

12. 折弯标注

用于标注圆或圆弧的半径尺寸,主要用于半径较大,或尺寸线不便或无法通过其实际圆心位置的圆弧或圆的标注,如图 5-37 所示。

13. 折断标注

将选定的标注在其尺寸界线处或尺寸线与图形中的几何对象(或其他标注)相交的位置打断,从而使标注

图 5-37　折弯标注

更为清晰。

14. 标注间距

按指定的间距值自动调整平行的线性尺寸和角度标注之间的间距,如图5-36所示。

提示:调整标注间距时,如选择"自动(A)"选项,系统将自动计算间距,所得间距是设置文字高度的两倍。

15. 快速标注

用户可以对多个对象一次进行标注,还可编辑现有的尺寸。

知识点4 尺寸标注的修改和编辑

当现有的尺寸标注需要修改和编辑时,不必将其删除而重新标注,只需利用相应的标注编辑命令对其进行修改即可。

1. 编辑尺寸样式

单击"标注样式管理器"对话框中"修改",可在弹出的"修改标注样式"对话框中修改当前尺寸标注样式的设置(见图 5-38),或单击"替代",在弹出的"替代当前样式"对话框中设置临时的尺寸标注样式(见图 5-39),来替代当前尺寸标注样式的相应设置。

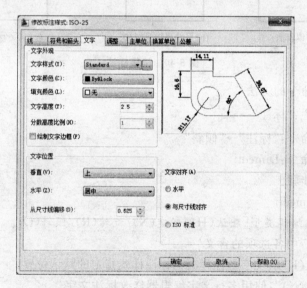

图 5-38 "修改标注样式"对话框

2. 编辑标注命令

1) 功能

用于修改已标注的尺寸文字、恢复尺寸文字的放置位置、改变尺寸文字的旋转角度及将尺寸界限倾斜,如图 5-40 所示。

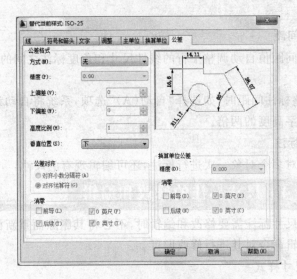

图 5-39 "替代标注样式"对话框

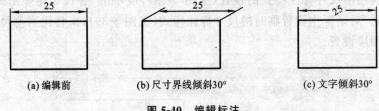

| (a) 编辑前 | (b) 尺寸界线倾斜30° | (c) 文字倾斜30° |

图 5-40 编辑标注

2）调用命令的方法

- 工具栏："标注"→ ⬚
- 菜单命令："标注"→"倾斜"
- 键盘命令：Dimedit

3）操作步骤

命令：_dimedit

输入标注编辑类型［默认（H）/新建（N）/旋转（R）/倾斜（O）］＜默认＞：

4）命令行中各选项的含义

① "默认（H）"：文字标注样式为标注样式指定的默认位置。

② "新建（N）"：使用多行文字编辑器修改标注文字。

③ "旋转（R）"：用于调整文字的倾斜角度。

④ "倾斜（O）"：用于调整延伸线的倾斜角度。

3. 标注更新

1）功能

用于修改图形中已标注的尺寸标注样式。

2）调用命令的方法

- 工具栏："标注"→ [图标]
- 菜单命令："标注"→"更新"
- 键盘命令：-Dimstyle

3）操作步骤

命令：-dimstyle

输入标注样式选项

[注释性（AN）/保存（S）/恢复（R）/状态（ST）/变量（V）/应用（A）/？]＜恢复
＞：apply

选择对象：（选择要更改的尺寸标注）

4．编辑标注文字

1）功能

可用于移动或旋转标注文字，如图 5-41 所示。

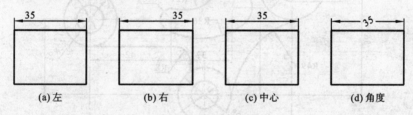

（a)左　　　　　　(b)右　　　　　　(c)中心　　　　　　(d)角度

图 5-41　编辑标注文字

2）调用命令的方式

- 工具栏："标注"→ [图标]
- 菜单命令："标注"→"对齐文字"
- 键盘命令：Dimtedit

3）操作步骤

命令：_dimtedit

选择标注：（选择一个尺寸）

为标注文字指定新位置或[左对齐（L）/右对齐（R）/居中（C）/默认（H）/角度
（A）]：

项 目 总 结

在进行尺寸标注之前首先要设定尺寸标注样式，尺寸标注样式中的参数设
定主要包括文字大小、文字位置、文字对齐方式、公差及调整的相关选项等。在
进行尺寸标注时要设置几个主要的捕捉点，如交点、端点等，临时捕捉目标点可
采用"shift＋鼠标右键"选择，从而提高绘图的准确性。

计算机绘图实例教程

当某一个尺寸标注或多个尺寸标注与其他尺寸标注样式不同时,可以设置替代尺寸标注样式来标注个别尺寸。修改尺寸标注的快捷方法有:一种是使用夹点编辑修改尺寸线、延伸线及尺寸文字的位置;另一种是选择某一尺寸标注,使用特性方式进行修改。如果配合键盘的使用,则可以提高尺寸标注的速度。

思考与上机操作

(1) 绘制如图 5-42 至图 5-45 所示图形,并标注尺寸,要求采用"机械标注"标注样式。

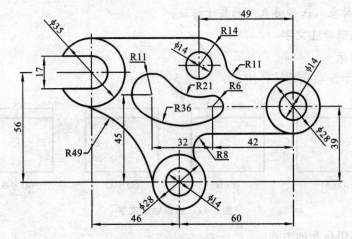

图 5-42　上机操作绘制图(一)

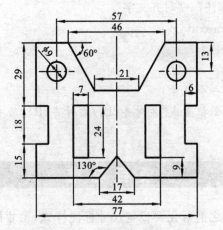

图 5-43　上机操作绘制图(二)

138

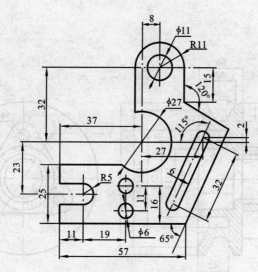

图 5-44　上机操作绘制图(三)

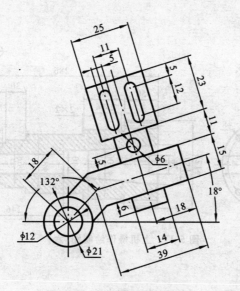

图 5-45　上机操作绘制图(四)

（2）绘制如图 5-46 至图 5-47 所示图形，并标注尺寸，要求采用"机械标注"标注样式。

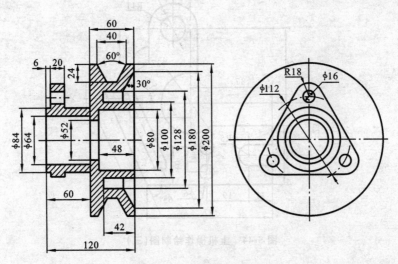

图 5-46　上机操作绘制图（五）

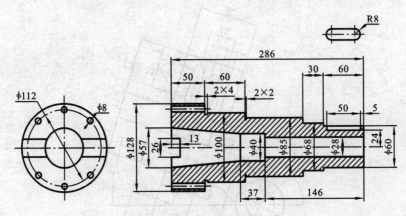

图 5-47　上机操作绘制图（六）

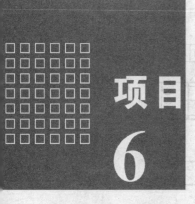

项目

6

零件图的绘制

【知识目标】

（1）掌握创建块、插入块的操作。

（2）熟悉多重引线的使用方法。

（3）掌握尺寸公差、形位公差的标注及编辑。

（4）掌握零件图的绘制方法。

【能力目标】

（1）能根据需要标注、编辑尺寸公差及形位公差。

（2）能绘制中等复杂程度的零件图。

　　零件图是表达零件结构形状、大小及技术要求的图样，是零件制造和检验的主要依据。一张完整的零件图包括四项内容：一组视图、完整的尺寸、技术要求和标题栏。

　　用 AutoCAD 绘制零件图时，首先必须参照机械制图的国家标准，其次必须掌握零件各个视图的投影关系，还需要熟练地应用各种命令和所掌握的各种作图技巧，通过反复练习逐步提高作图能力。本项目主要介绍绘制零件图时所涉及的引线标注、块及其属性、尺寸公差及形位公差的标注等命令和作图技巧，并以典型零件的画法作为示范。

任务 1　引线标注和公差标注及块的使用

　　本任务以标注如图 6-1 所示引线及公差尺寸为例，介绍"创建块"、"插入块"、"引线样式"、"引线标注"、"公差标注"等命令。操作步骤如下。

　　（1）新建"粗实线"、"细实线"、"中心线"、"尺寸线"等图层。

　　（2）新建"尺寸"文字样式。

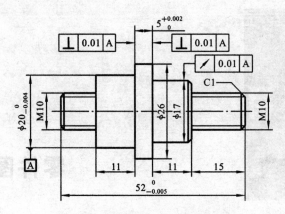

图 6-1   引线及公差尺寸标注(一)

(3) 新建"线性"、"直径"、"螺纹"标注样式。为了保证标注样式的统一性,在新建其他标注样式时,可以选择"线性"标注样式作为基础样式,然后在"新建标注样式"对话框的"主单位"选项卡中将"前缀"分别设为"%%C"和"M"即可得到"直径"和"螺纹"标注样式。

(4) 新建"线性-公差"标注样式。

① 单击"格式"→"标注样式",弹出"标注样式管理器"对话框。

② 单击"新建"按钮,弹出"创建新标注样式"对话框。在"基础样式"下拉列表中选择"线性",在"新样式名"中输入"线性-公差",单击"继续",弹出"新建标注样式"对话框。

③ 切换到"公差"选项卡。将"方式"设为"极限偏差","精度"设为"0.000","上偏差"设为"0.002","高度比例"设为"0.7",选中"消零"选区的"后续"复选框,单击"确定"按钮完成设置,单击"关闭"按钮关闭对话框。

(5) 新建"直径-公差"标注样式。

① 单击"格式"→"标注样式",弹出"标注样式管理器"对话框。

② 单击"新建"按钮,弹出"创建新标注样式"对话框。在"基础样式"下拉列表中选择"直径",在"新样式名"中输入"直径-公差",单击"继续",弹出"新建标注样式"对话框。

③ 切换到"公差"选项卡。将"方式"设为"极限偏差","精度"设为"0.000","下偏差"设为"0.004","高度比例"设为"0.7",选中"消零"选区的"后续"复选框,单击"确定"按钮完成设置,单击"关闭"按钮关闭对话框。

(6) 新建"斜角"多重引线样式。

① 单击"格式"→"多重引线样式",在弹出的"多重引线样式管理器"对话框中单击"新建"按钮,输入新样式名"斜角",单击"继续"按钮,弹出"修改多重引线样式"对话框。

② 切换到"引线格式"选项卡,将"箭头"区中的"符号"设置为"无"。

③ 切换到"内容"选项卡,将"文字样式"设为"尺寸",将"文字高度"设为"2.5"。

④ 单击"确定",完成"斜角"多重引线样式设置,单击"关闭"按钮完成设置。

(7) 新建"公差"多重引线样式。

① 单击"格式"→"多重引线样式",在弹出的"多重引线样式管理器"对话框中单击"新建"按钮,弹出"创建新多重引线样式"对话框,在"基础样式"下拉列表中选择"制造业(公制)",在"新样式名"文本框中输入"公差",单击"继续"按钮,弹出"修改多重引线样式"对话框。

② 切换到"引线格式"选项卡,将"箭头"区中的"大小"设置为"2"。

③ 切换到"内容"选项卡,将"多重引线类型"设为"无"。

④ 单击"确定"按钮,完成"公差"多重引线样式设置,单击"关闭"按钮完成设置。

(8) 创建"轴段"块。

① 绘制"1×1"的单位矩形。

② 单击"绘图"→"块"→"创建",弹出"块定义"对话框。

③ 在"名称"文本框中输入块名"轴段"。

④ 单击"拾取点"按钮,对话框暂时关闭,并在命令行出现以下提示:

_block 指定插入基点:　　　　　　　　　　　　　　　(选择矩形左侧中点)

⑤ 选择矩形右侧中点(作为块插入时的基点)后,重新弹出"块定义"对话框。

⑥ 单击"选择对象"按钮,对话框再次临时关闭并提示:

选择对象:　　　　　　　　　　　　　　　　　　　(框选整个矩形)

选择对象:　　　　　　　　　　　　　　　　　(按回车键,结束选择)

⑦ 在"块定义"对话框中选中"删除"复选框,单击"确定"按钮,完成"轴段"块的创建。

(9) 将"粗实线"层设置为当前图层,并显示粗实线。

(10) 绘制"心轴"的第一段轮廓线。

① 单击"插入"→"块",弹出"插入"对话框。

② 单击"名称"右侧的下拉箭头,选择"轴段",单击"确定"按钮,对话框关闭,并在命令行出现以下提示:

指定插入点或[基点(B)/比例(S)/X/Y/Z/旋转(R)]:

　　　　　　　　　　　　(在绘图区域任意单击一点,作为块插入点)

输入 X 比例因子,指定对角点,或[角点(C)/XYZ(XYZ)]<1>:15

输入 Y 比例因子或<使用 X 比例因子>:10

完成"心轴"第一段轮廓线的绘制,如图 6-2 所示。

(11) 绘制"心轴"的第二段轮廓线。

① 单击"插入"→"块",弹出"插入"对话框。

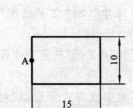

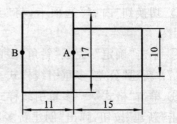

图 6-2 引线及公差尺寸标注(二)　　　图 6-3 引线及公差尺寸标注(三)

② 单击"名称"右侧的下拉箭头,选择"轴段",单击"确定"按钮,对话框关闭,并在命令行出现以下提示:

指定插入点或[基点(B)/比例(S)/X/Y/Z/旋转(R)]:

(选择 A 点,作为块插入点)

输入 X 比例因子,指定对角点,或[角点(C)/XYZ(XYZ)]<1>:11

输入 Y 比例因子或<使用 X 比例因子>:17

完成"心轴"第一段轮廓线的绘制,如图 6-3 所示。

(12) 绘制"心轴"的第三段轮廓线。

① 单击"插入"→"块",弹出"插入"对话框。

② 单击"名称"右侧的下拉箭头,选择"轴段",单击"确定"按钮,对话框关闭,并在命令行出现以下提示:

指定插入点或[基点(B)/比例(S)/X/Y/Z/旋转(R)]:

(选择 B 点,作为块插入点)

输入 X 比例因子,指定对角点,或[角点(C)/XYZ(XYZ)]<1>:5

输入 Y 比例因子或<使用 X 比例因子>:26

完成"心轴"第三段轮廓线的绘制,如图 6-4 所示。

(13) 绘制"心轴"的第四段轮廓线。

① 单击"插入"→"块",弹出"插入"对话框。

② 单击"名称"右侧的下拉箭头,选择"轴段",单击"确定"按钮,对话框关闭,并在命令行出现以下提示:

指定插入点或[基点(B)/比例(S)/X/Y/Z/旋转(R)]:

(选择 C 点,作为块插入点)

输入 X 比例因子,指定对角点,或[角点(C)/XYZ(XYZ)]<1>:11

输入 Y 比例因子或<使用 X 比例因子>:20

完成"心轴"第四段轮廓线的绘制,如图 6-5 所示。

(14) 绘制"心轴"的第五段轮廓线。

① 单击"插入"→"块",弹出"插入"对话框。

② 单击"名称"右侧的下拉箭头,选择"轴段",单击"确定"按钮,对话框关闭,并在命令行出现以下提示:

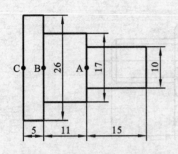

图 6-4　引线及公差尺寸标注(四)

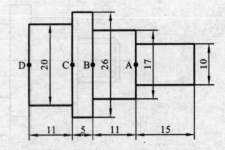

图 6-5　引线及公差尺寸标注(五)

指定插入点或[基点(B)/比例(S)/X/Y/Z/旋转(R)]:

（选择 D 点作为块插入点）

输入 X 比例因子,指定对角点,或[角点(C)/XYZ(XYZ)]<1>:10

输入 Y 比例因子或<使用 X 比例因子>:10

完成"心轴"第五段轮廓线的绘制,如图 6-6 所示。

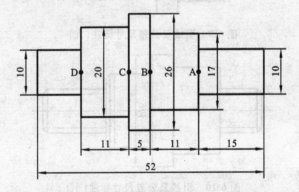

图 6-6　引线及公差尺寸标注(六)

(15) 将所有的图块分解,并清理重复线段。绘制 C1 的工艺倒角及 M10 的螺纹,如图 6-7 所示。

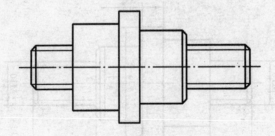

图 6-7　引线及公差尺寸标注(七)

(16) 将"线性"标注样式设置为当前标注样式,标注线性尺寸,如图 6-8 所示。

(17) 将"螺纹"标注样式设置为当前标注样式,标注螺纹尺寸,如图 6-9 所示。

(18) 将"直径"标注样式设置为当前标注样式,标注直径尺寸,如图 6-10 所示。

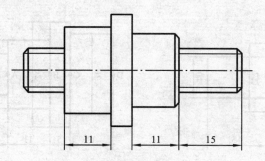

图 6-8   引线及公差尺寸标注(八)

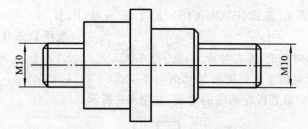

图 6-9   引线及公差尺寸标注(九)

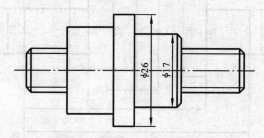

图 6-10   引线及公差尺寸标注(十)

（19）将"线性-公差"标注样式设置为当前标注样式,标注线性尺寸,如图 6-11所示。

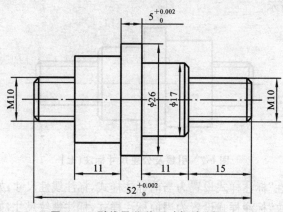

图 6-11   引线及公差尺寸标注(十一)

（20）将"直径-公差"标注样式设置为当前标注样式,标注直径尺寸,如图6-12所示。

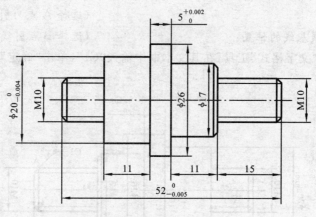

图 6-12　引线及公差尺寸标注（十二）

（21）利用"特性"修改尺寸公差。

① 单击"修改"→"特性",弹出如图 6-13 所示"特性"卷展栏。

② 选择"52"线性尺寸,在"特性"卷展栏中找到"公差"栏。将"公差下..."设为"0.0050","公差上..."设为"0.0000",如图 6-14 所示。

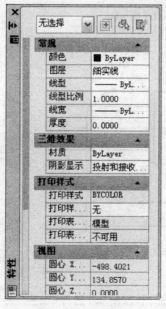

图 6-13　"特性"卷展栏

图 6-14　"特性"卷展栏-公差

（22）利用"多重引线"标注倒角,如图 6-15 所示。

① 单击"样式"工具栏中"多重引线样式控制"下拉箭头,选择"斜角"为当前多重引线样式。

② 单击"标注"→"多重引线",命令行出现以下提示：

指定引线箭头的位置或[引线基线优先（L）/内容优先（C）/选项（O）]＜选项＞：　　　　　　　　　　　　　　（选择 A 点为引线箭头位置）

　　指定引线基线的位置：　　　　　　　　　（选择 B 点引线基线位置）

③ 弹出"文字格式"工具，在其文本框中输入"C1"，单击"确定"按钮，完成多重引线标注。

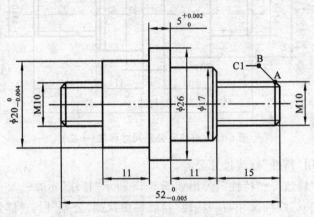

图 6-15　引线及公差尺寸标注（十三）

（23）在 φ20 的尺寸上添加轴基准 A，如图 6-16 所示。

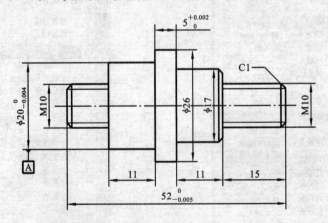

图 6-16　引线及公差尺寸标注（十四）

（24）标注形位公差。

① 单击"样式"工具栏中"多重引线样式控制"下拉箭头，选择"公差"为当前多重引线样式。

② 单击"标注"→"多重引线"，绘制多重引线如图 6-17 所示。

③ 单击"标注"→"公差"，弹出"形位公差"对话框。单击"符号"下的小黑框，弹出"特征符号"对话框，选择"⊥"符号；在"公差 1"下的文本框中输入"0.01"；在

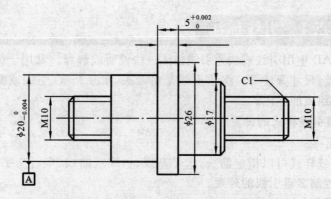

图 6-17　引线及公差尺寸标注(十五)

"基准 1"下的文本框中输入"A",单击"确定"按钮,形位公差框格出现在十字光标中心,在绘图区单击,以放置公差框格。

④ 用"移动"命令将公差放置在合适位置,完成公差标注,如图 6-18 所示。

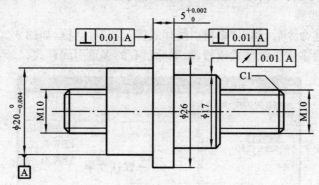

图 6-18　引线及公差尺寸标注(十六)

(25) 整理尺寸位置,完成作图,如图 6-19 所示。

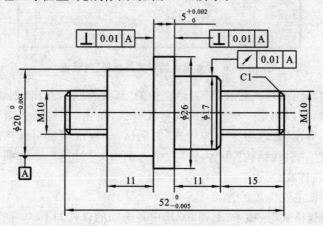

图 6-19　引线及公差尺寸标注(十七)

知识点 1　引线标注

AutoCAD 中用引线或快速引线标注一些说明或解释。常用于标注序号、倒角、形位公差、尺寸旁注等。多重引线是由箭头、水平基线、引线或曲线、多行文字对象或块组成的标注。

1. 多重引线样式的设置

1）功能

多重引线样式可以指定箭头、水平基线、引线或曲线、多行文字对象或块的格式，用以控制多重引线的外观。

2）调用命令的方法

- 工具栏："格式"→
- 菜单命令："格式"→"多重引线样式"
- 键盘命令：Mleaderstyle

3）操作步骤

执行上述命令后，弹出"多重引线样式管理器"对话框，如图 6-20 所示。该对话框可以新建多重引线样式或修改、删除已有的多重引线样式。

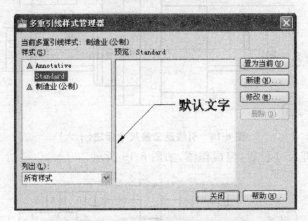

图 6-20　"多重引线样式管理器"对话框

单击"多重引线样式管理器"对话框中的"新建"按钮，弹出"创建新多重引线样式"对话框，可以新建一种多重引线标注样式，单击"创建新多重引线样式"的"继续"按钮，弹出"修改多重引线样式"对话框。"修改多重引线样式"对话框包含"引线格式"、"引线结构"和"内容"三个选项卡，通过这三个选项卡，可以设置多重引线标注样式。

4）对话框主要选项的含义

（1）"引线格式"选项卡（见图 6-21）中各选项的含义如下。

①"常规"选项区：用于设置引线的类型（可以选择直引线、样条曲线或无引线）、颜色、线型和线宽。

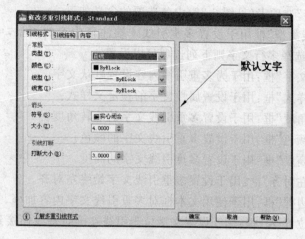

图 6-21 "引线格式"选项卡

②"箭头"区:用于设置多重引线箭头的形状和大小。

③"引线打断"区:用于设置将折断标注添加到多重引线。

(2)"引线结构"选项卡(见图 6-22)中各选项的含义如下。

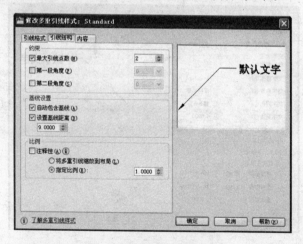

图 6-22 "引线结构"选项卡

①"最大引线点数"框:用来设置引线的段数。

②"第一段角度"框和"第二段角度"框:分别用来控制第一段和第二段引线的角度。

③"基线设置"区:用于设置多重引线的基线,可以设定多重引线的基线距离,并将水平基线附着到多重引线内容。

④"比例"区:用于设置多重引线标注对象的缩放比例。可根据模型空间视口和图纸空间视口中的缩放比例确定多重引线的比例因子,也可直接指定多重引线的缩放比例。

(3)"内容"选项卡(见图6-23)中各选项的含义如下。

"多重引线类型"框用于设置多重引线末端注释内容的类型,可选择多行文字或块。如果选择多行文字则下列选项可以设置。

①"默认文字"框:用于为多重引线内容设置默认文字。

②"文字样式"框:用于设置属性文字的预定义样式。

③"文字角度"框:用于设置多重引线文字的旋转角度。

④"文字颜色"框:用于设置多重引线文字的颜色。

⑤"文字高度"框:用于设置多重引线文字的高度。

⑥"始终左对齐"框:用于设置多重引线文字始终左对齐。

⑦"文字边框"框:用于使用文本框对多重引线文字内容加框。

⑧"连接位置-左"框:用于设置文字位于引线左侧时基线连接到多重引线文字的方式。

⑨"连接位置-右"框:用于设置文字位于引线右侧时基线连接到多重引线文字的方式。

⑩"基线间隙"框:用于设置基线和多重引线文字之间的距离。

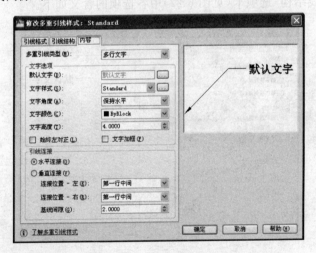

图6-23 "内容"选项卡

2. 多重引线标注

利用"多重引线"命令可以按当前多重引线样式创建引线标注对象,也可以重新指定引线的某些特性。

1)调用命令的方法

• 菜单命令:"标注"→"多重引线"

• 键盘命令:Mleader

2)操作步骤

执行多重引线命令后,命令行提示如下。

命令:mleader

指定文字的第一个角点或[引线箭头优先(H)/引线基线优先(L)/选项(O)]＜选项＞：

多重引线可设置为箭头优先、引线基线优先或内容优先。

3)各命令选项的含义

① 引线箭头优先(H):先指定多重引线对象的箭头的位置。

② 引线基线优先(L):先指定多重引线对象的基线的位置。

③ 内容优先(C):先指定与多重引线对象相关联的文字或块的位置。

④ 选项(O):指定用于放置多重引线对象的选项,选择此选项后,命令行提示如下。

输入选项[引线类型(L)/引线基线(A)/内容类型(C)/最大节点数(M)/第一个角度(F)/第二个角度(S)/退出选项(X)]＜退出选项＞：

a. 引线类型(L)　指定要使用的引线类型,可指定直线、样条曲线或无引线;更改水平基线的距离。

b. 引线基线(A)　设置是否使用引线基线。

c. 内容类型(C)　指定要使用的内容类型。

d. 最大节点数(M)　指定新引线的最大节点数。

e. 第一个角度(F)　约束新引线中的第一个角度。

f. 第二个角度(S)　约束新引线中的第二个角度。

g. 退出选项(X)　返回第一个命令提示。

知识点2　块的创建和插入

在使用 AutoCAD 绘图时,如果某个图形经常重复使用且形式固定,就可以将其定义为块。通过建立块,可将多个对象作为一个整体来进行操作,根据作图需要将这组对象插入到零件图或装配图中任意指定位置,而且还可以按不同的比例和旋转角度插入。

在 AutoCAD 中,使用块可以提高绘图速度、节省存储空间、便于更新图形。

1. 创建块

1) 调用命令的方式

- 工具栏:"绘图"→
- 菜单命令:"绘图"→"块"→"创建"
- 键盘命令:Block 或 B

2) 操作步骤

执行块命令后,弹出"块定义"对话框,如图 6-24 所示,可以将已绘制的对象创建为块。

对话框中各选项的内容包括:定义图块名称、选择定义块的对象、指定基点

图 6-24 "块定义"对话框

（即块的插入基准点）位置、指定块的设置及方式、确定是否启动块编辑器。

3）各选项组的含义和操作

（1）"名称"文本框：用于输入块的名称。用户定义的每一个块都要有一个块名，以便管理和调用。

（2）"基点"选项区的"拾取点"按钮：用于指定块的基点。单击该按钮，对话框暂时关闭，在绘图区的块图形中指定插入该块时用于定位的点。

（3）"对象"选项区的"选择对象"按钮：用于选择对象。单击该按钮，对话框暂时关闭，在绘图区中选择构成块的图形对象和属性定义。该选项组还含有以下三个选项。

①"保留"单选按钮：选择此项后，在完成块定义操作后，图形中仍保留构成块的对象。

②"转换为块"单选按钮：选择此项后，在完成块定义操作后，构成块的对象转换成一个块。

③"删除"单选按钮：选择此项后，在完成块定义操作后，构成块的对象被删除。

以上三个选项可根据实际需要灵活选择。

（4）对话框中的其他选项。

①"按统一比例缩放"复选框：选择此项后，在插入块时将强制在 X、Y、Z 三个方向上采用相同的比例缩放。一般不选择此项。

②"允许分解"复选框：指定插入的块是否允许被分解。一般应选择此项。

③"说明"文本框：输入块定义的说明。此说明可在设计中心显示。

④"块单位"下拉列表：把块插入到图形中的单位，默认为"毫米"。

⑤"超链接"按钮：打开"插入超链接"对话框，可将某个超链接与块定义相关联。

4）创建块的操作步骤

（1）画出块定义所需的图形。

（2）调用 Block 命令，弹出"定义块"对话框。

（3）在"名称"选项组下的文本框中输入块的名称。

（4）通过"基点"选项组指定块基点。

① 单击"拾取点"按钮，在绘图区上指定块的基点；

② 在文字框中输入基点的 X、Y、Z 坐标。

（5）单击"选择对象"按钮，从绘图区选择构成块的图形对象，对象选择完成后回车，返回对话框。

（6）单击"对象"选项组的"选择对象"按钮，选择"保留"、"删除"、"转换"方式中的一种作为对构成块的图形对象的处理方式。

（7）单击对话框的"确定"按钮，完成块的创建。

2. 插入块

当绘图过程中需要使用块时，可使用块插入命令将已定义的块插入到当前图形中的指定位置，并进行相应的编辑，使之满足绘图的需要。

1）调用命令的方法

- 工具栏："绘图"→
- 菜单命令："插入"→"块"
- 键盘命令：Insert 或 I

2）操作步骤

执行插入块命令后，弹出"插入"对话框，如图 6-25 所示。利用该功能，用户可在图形中插入块或其他图形，并且在插入块的同时还可改变所插入块或图形的比例与旋转角度。

图 6-25 "插入"对话框

3）对话框中各选项的含义

（1）"名称"下拉列表：用于选择块或图形的名称。

（2）"插入点"选项区：用于设置块的插入点位置。用户可直接在"X"、"Y"、"Z"文本框中输入点的坐标，也可通过选择"在屏幕上指定"复选框，直接指定插入点的位置。

（3）"比例"选项区：用于控制块的插入比例。

（4）"旋转"选项区：用于设置块插入时的旋转角度。用户可直接在"角度"文本框中输入角度值，也可选择"在屏幕上指定"复选框，在屏幕上指定旋转角度。

（5）"分解"复选框：用于将插入的块分解成组成块的各个基本对象。

4）插入块的操作步骤

（1）调用插入块命令。

（2）在"名称"下拉列表框中选择要插入的块名，或单击"浏览"按钮，在弹出的"选择文件"对话框中选择要插入的块或其他图形文件。

（3）指定插入点、确定插入块的缩放比例和旋转角度。

（4）单击对话框的"确定"按钮，完成块的插入。

3. 块的存盘

用 Block 命令定义的块只能在块所在的图形中使用，如果要使当前主图形中定义的块能被其他图形调用，应将其存盘。在 AutoCAD 中，可以用 Wblock 命令将对象或图块保存到一个图形文件中，需要时可方便调用。

1）调用命令的方法

· 键盘命令：Wblock 或 W

执行 Wblock 命令将打开"写块"对话框，如图 6-26 所示。

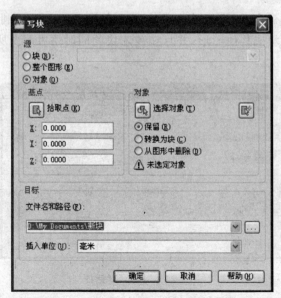

图 6-26　"写块"对话框

2）对话框中各选项的含义

（1）"源"选项区：利用该选项组指定要存盘的对象或图块的插入基点。在对话框的"源"选项区中，有如下三个单选项。

①"块"：在右侧下拉列表框中选择已定义的块，可将选择的块存储到磁盘文件中。这时"基点"和"对象"选项组都不可用。

②"整个图形"：可将整个当前图形作为一个块存盘。这时"块"右边的下拉列表和"基点"、"对象"选项组都不可用。

（2）"对象"选项区：可从当前主图形中选择图形作为块存盘。选择此项后，"块"右边的下拉列表和"基点"、"对象"选项组都可用。

（3）"目标"选项区：用于指定输出文件的名称和存储路径及文件的单位。其中，"插入单位"下拉列表框用于设置块插入时的单位。

4. 块的调用

有经验的设计人员通常会建立自己的图形库，按照不同的用途分类，采用存储块的方法将常用图形存储于相应的目录下，需要时采用插入块的方法即可方便地调用。

操作方法如下：在绘图过程中需要用到某图块时，采用插入命令"Insert"后，AutoCAD弹出"插入"对话框，首次在图形文件中使用图块时，"名称"下拉列表中找不到该图块，需单击右侧的"浏览"按钮，打开"选择文件"对话框，找到图形库中存储该图块的目录，从中选择此图块，单击"打开"按钮，返回"插入"对话框，设置比例和角度等相关选项后，按"确定"按钮即可将图块插入到图形中。

知识点 3 尺寸公差及形位公差标注

在机械设计中，公差和配合将决定零部件能否正确装配，所以，尺寸公差及形位公差的标注是零件图的一个重要组成部分。

1. 尺寸公差标注

下面以图 6-27 所示的机械制图中常用的三种尺寸公差标注为例，说明 AutoCAD标注尺寸公差的方法。

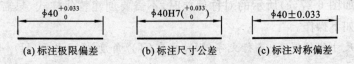

$\phi 40^{+0.033}_{0}$

$\phi 40H7(^{+0.033}_{0})$

$\phi 40 \pm 0.033$

(a)标注极限偏差　　(b)标注尺寸公差　　(c)标注对称偏差

图 6-27 尺寸公差标注实例

1）极限偏差的标注

（1）建立替代样式　打开"标注样式管理器"对话框，单击"替代"按钮，进入"替代当前样式"对话框，选择"公差"选项卡，按图 6-28 所示设置各选项。再选择"主单位"选项卡，在"前缀"文本框中输入"％％C"，如果图形是采用非 1∶1 的比例绘制的,还要在"测量单位比例"中输入图形比例的倒数,然后单击"确定"并关闭"标注样式管理器"对话框,完成公差替代样式设置。

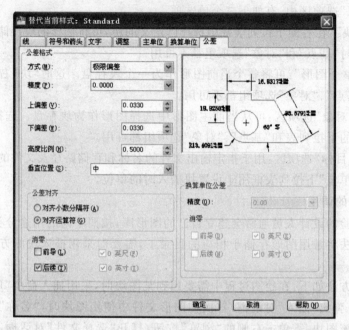

图 6-28 "公差"设置选项卡

(2) 建立含公差的尺寸

输入线性标注命令,标注过程和普通线性尺寸标注一样,即可得到如图 6-27(a)所示的尺寸公差。

2) 尺寸偏差的标注

标注如图 6-27(b)所示的尺寸公差时,首先需标注出如图 6-27(a)所示的极限偏差,再用分解命令 Explode 将尺寸分解,用文字编辑命令 Ddedit 对尺寸文字进行修改,添加公差代号 H7 和极限偏差两侧的左、右括号。

3) 对称偏差的标注

标注如图 6-27(c)所示的对称偏差时,不需要创建替代样式,只需在线性标注中执行如下操作。

指定尺寸线位置或[多行文字(M)/文字(T)/角度(A)/水平(H)/垂直(V)/旋转(R)]:t   (选择"文字"选项)

然后在命令行中输入"％％C40％％P0.033"即可。

提示:(1)如果图形中带有相同公差的尺寸较多,应单独设置一种公差标注样式,以提高绘图速度;

(2) 如果图形中带有相同公差的尺寸较少,则可用"标注样式管理器"的"替代"按钮,建立临时的标注样式,或直接用标注命令"多行文字"选项,打开"多行文字编辑器"标注尺寸公差。

2. 形位公差标注

形位公差标注用于在图形上标注形状公差和位置公差,须在"形位公差"对话框设定后,才可以标注。

1) 调用命令的方式
- 工具栏:"标注"→▣❶
- 菜单命令:"标注"→"公差"
- 命令:Tolerance

2) 操作步骤

执行公差标注命令后,系统将弹出"形位公差"对话框,如图 6-29 所示。

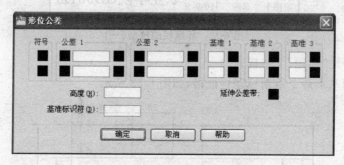

图 6-29 "形位公差"对话框

3) 对话框中各选项的含义

(1)"符号"区:用于设置形位公差符号。单击小黑框,弹出"特征符号"对话框,如图 6-30 所示,选择合适的符号或空白框后,此对话框自动关闭。此操作可重复进行。

(2)"公差 1"、"公差 2"区:用于输入第一个、第二个公差值。单击公差值前面的小黑框可以设定是否加入直径符号。单击公差值后面的小黑框,弹出"附加符号"对话框(见图 6-31),用于设定被测要素的包容条件。

图 6-30 "特征符号"对话框

图 6-31 "附加符号"对话框

(3)"基准 1"、"基准 2"、"基准 3"区:用于设置公差基准的相关参数。单击右侧的小黑框,弹出"附加符号"对话框,可选择相应的附加符号。

(4)"高度"、"延伸公差带"、"基准标识符"在我国公差标准中不采用。

设置结束后,单击"确定"按钮,形位公差框格将出现在十字光标中心,确定公差标注位置后,即完成形位公差的标注。

任务 2　块及其属性

本任务以绘制如图 6-32 所示属性标题栏为例,介绍"属性定义"、"写块"、"增强属性编辑器"等命令。操作步骤如下。

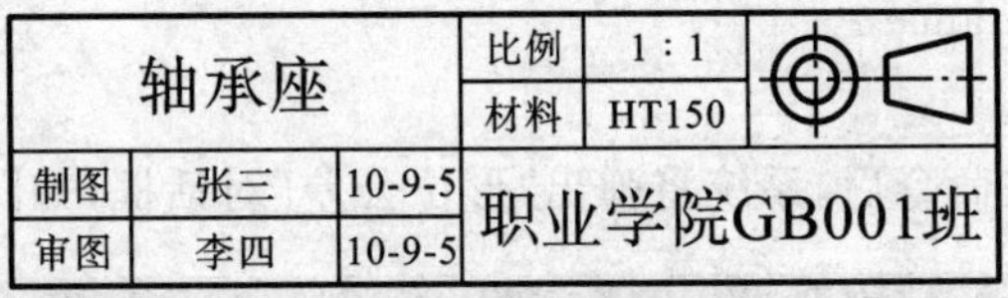

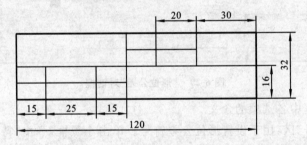

图 6-32　标题栏的绘制(一)

(1) 新建"标题"文字样式。

(2) 用基本命令绘制标题栏框格,如图 6-33 所示。

图 6-33　标题栏的绘制(二)

(3) 填写标题栏中的文字。

① 单击"绘图"→"文字"→"多行文字",命令行提示如下。

指定第一角点:　　　　　　　　　　　　　　　　　　　　　　　(选取 A 点)

指定对角点或[高度(H)/对正(J)/行距(L)/旋转(R)/样式(S)/宽度(W)/栏(C)]:　　　　　　　　　　　　　　　　　　　　　　　　　　(选取 B 点)

在弹出的"文字格式"工具栏中将 [A]▾(多行文字对正)设为"正中",将文字对齐设为" ≣ "(居中);在文本框中输入"制图",单击"确定"完成文字输入。如图 6-34 所示。

② 利用"复制"命令将文字复制对应的其他位置,如图 6-35 所示。

③ 用"Ddedit"命令编辑文字。编辑后的文字如图 6-36 所示。

(4) 绘制视角标志,并放在合适位置,如图 6-37 所示。

(5) 用"直线"命令为框格作对角线,如图 6-38 所示,图中的点为对角线中点(为放置带属性的文字作准备)。

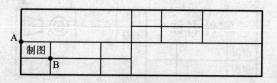

图 6-34 标题栏的绘制(三)

图 6-35 标题栏的绘制(四)

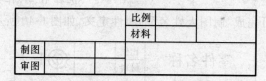

图 6-36 标题栏的绘制(五)

图 6-37 标题栏的绘制(六)

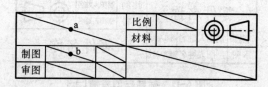

图 6-38 标题栏的绘制(七)

(6)用"Attdef"命令创建"零件名称"属性定义。

① 启用"Attdef"命令,弹出"属性定义"对话框。

② 在"标记"文本框中输入"零件名称",在"提示"文本框中输入"请输入零件名称",在"默认"文本框中输入"轴承座",在"对正"下拉列表中选择"正中",在"文字样式"下拉列表中选择"标题",在"文字高度"文本框中输入"7"。

③ 单击"确定"按钮,命令行提示如下。

指定起点: (选择 a 点作为文本的放置点)

以上操作即可完成"零件名称"的属性定义,如图 6-39 所示。

(7)用"Attdef"命令创建"制图人姓名"属性定义。

161

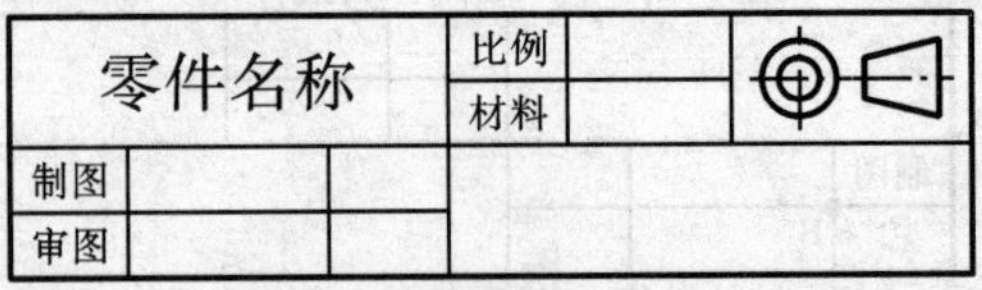

图 6-39　标题栏的绘制(八)

① 启用"Attdef"命令,弹出"属性定义"对话框。

② 在"标记"文本框中输入"制图人姓名",在"提示"文本框中输入"请输入制图人姓名",在"默认"文本框中输入"张三",在"对正"下拉列表中选择"正中",在"文字样式"下拉列表中选择"标题",在"文字高度"文本框中输入"3"。

③ 单击"确定"按钮,命令行提示如下。

指定起点:　　　　　　　　　　　　　　　(选择 b 点,作为文本的放置点)

以上操作即可完成"制图人姓名"的属性定义,如图 6-40 所示。

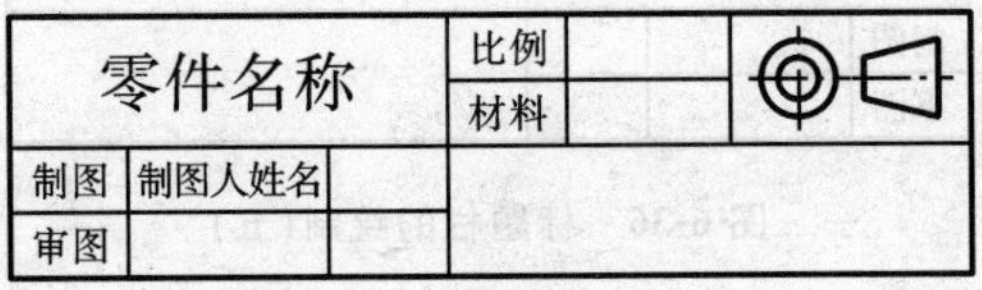

图 6-40　标题栏的绘制(九)

(8) 用复制的方法,完成剩余项目的属性定义,如图 6-41 所示。

① 用"复制"命令,将"零件名称"、"制图人姓名"复制多份。

② 选中复制的文字的正中夹点,将其移动到对应的对角线中点上。

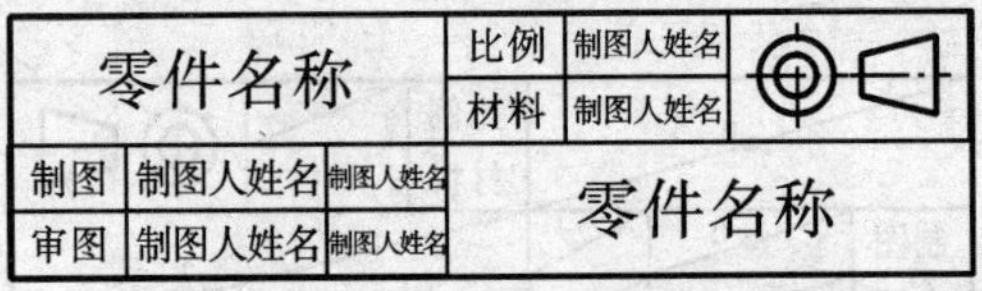

图 6-41　标题栏的绘制(十)

(9) 用"Ddedit"命令编辑复制项目的"标记"、"提示"及"默认值"等文字属性。编辑后的属性标记如图 6-42 所示。

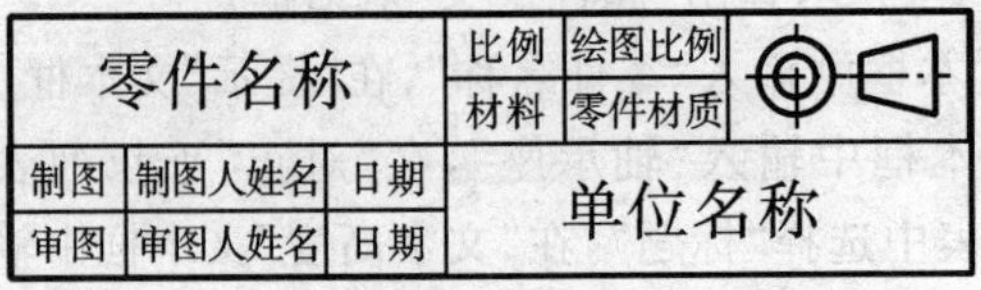

图 6-42　标题栏的绘制(十一)

(10) 用"Wblock"命令创建块。

① 启用"Wblock"命令,弹出"写块"对话框。

② 单击"拾取点",命令行提示如下。

指定插入基点： （指定标题栏右下角点为插入基点）

单击"选择对象",命令行提示如下。

选择对象： （框选除右、下边框线以外的标题栏对象）

③ 在"文件名和路径"文本框中输入："D:\标题栏"作为保存路径和名称,单击"确定"按钮完成写块。此时打开 D 盘可发现创建的"标题栏"块。

(11) 用"Insert"命令插入块。插入后的标题栏块如图 6-43 所示。

① 启用"Insert"命令,弹出"插入"对话框。

② 在"名称"下拉列表中选择"标题栏",单击"确定"按钮,命令行提示如下。

指定插入点或[基点(B)/比例(S)/X/Y/Z/旋转(R)]： （在绘图区任意单击）

输入 X 比例因子,指定对角点,或[角点(C)/XYZ(XYZ)]<1>：（按回车键）

输入 Y 比例因子或<使用 X 比例因子>： （按回车键）

请输入零件材质<HT150>:45 （输入零件材质）

请输入绘图比例<1:1>:1:2 （输入绘图比例）

请输入审图日期<11-10-8>:11-10-9 （输入审图日期）

请输入制图日期<11-10-1>:11-10-2 （输入制图日期）

请输入审图人姓名<李四>:赵六 （输入审图人姓名）

请输入您的单位<××职业学院>： （按回车键）

请输入制图人姓名<张三>:王五 （输入制图人姓名）

请输入零件名称<轴承座>:阶梯轴 （输入零件名称）

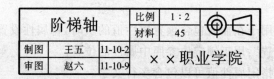

图 6-43 标题栏的绘制(十二)

知识点 1 创建并使用带有属性的块

块属性是描述块的非图形信息,如机件材料、型号等,是块的组成部分,可包含在块定义的文字对象中。在定义一个块时,属性必须预先定义而后再选定。

1. 调用命令的方法

- 菜单命令:"绘图"→"块"→"定义属性"
- 键盘命令:Attdef 或 ATT

2. 操作步骤

执行该命令后,弹出"属性定义"对话框,可创建块属性,如图 6-44 所示。

图 6-44　块"属性定义"对话框

3. 各选项组的含义

1)"模式"选项组

(1)"不可见":用于使属性值在块插入完成后不被显示和打印出来。

(2)"固定":用于在插入块时给属性赋予固定值。

(3)"验证":在插入块时,将提示验证属性值,可更改为用户所需的属性值。

(4)"预置":用于在插入包含预置属性值的块时,将属性设置为默认值。

(5)"锁定位置":用于锁定块参照中属性的位置。

(6)"多行":指定属性值可以包含多行文字。

2)"属性"选项组

(1)"标记(T)"文本框:用于标志图形中每次出现的属性。在定义带属性的块时,属性标记作为属性标志和其他对象一起构成块的被选对象。当同一个块中包含多个属性时,每个属性都必须有唯一的标记,不能重名。插入带属性的块后,属性标记被属性值取代。

(2)"提示(M)"文本框:用于指定在插入包含该属性定义的块时显示的提示信息。如果不输入提示,系统将自动以属性标记作为提示。

(3)"默认(L)"文本框:用于为属性指定默认值。

3)"文字选项"选项组

用于设置属性文字的对正、样式、注释性、文字高度、旋转方式等。

4)"插入点"选项组

用于为属性指定位置,一般选择"在屏幕上指定"方式,同时在退出该对话框后,用鼠标在图形上指定属性文字的插入点。在指定插入点时应注意与属性文字的对正方式相适应。

5)"在上一个属性定义下对齐"复选框

用于将属性标记直接放置在已定义的上一个属性的下面。如果之前没有预先创建属性定义,则此选项不可用。

知识点2 修改块属性

在插入块后,为满足绘图的需要,可利用编辑属性命令对其属性名、提示内容等进行修改。

1. 编辑单个属性

1)调用命令的方式

- 菜单命令:"修改"→"对象"→"属性"→"单个"
- 键盘命令:Eattedit

2)操作步骤

执行编辑属性命令后,选择需要编辑的块对象,系统将打开"增强属性编辑器"对话框,如图6-45所示。直接双击带有属性定义的块,同样会弹出"增强属性编辑器"对话框。对话框中有"属性"、"文字选项"和"特性"选项卡,各选项卡中均列出该块中的所有属性。

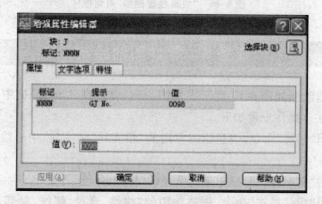

图6-45 "增强属性编辑器"对话框

3)对话框中各选项卡的含义

(1)"属性"选项卡 用于显示当前属性的标记、提示和值。在"值"编辑框中可对属性值进行修改。

(2)"文字选项"选项卡 用于修改属性文字的文字样式、显示方式。

(3)"特性"选项卡 用于修改属性文字的图层、线型、颜色等对象特性。

165

完成属性修改后,单击对话框的"确定"按钮,关闭对话框,结束修改属性命令。

2. 块属性管理器

1)功能

用于编辑当前图形中所有属性块的属性定义。

2)调用命令的方式

• 菜单命令:"修改"→"对象"→"属性"→"块属性管理器"

• 键盘命令:Battman

3)操作步骤

打开"块属性管理器"对话框,可对块属性进行管理,如图 6-46 所示。

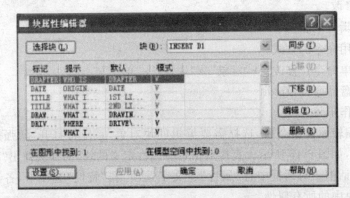

图 6-46 "块属性管理器"对话框

任务 3 零件图的绘制

本任务以绘制如图 6-47 所示零件图为例,介绍在 AutoCAD 中绘制零件图的步骤和方法。操作步骤如下。

(1)利用"图层"命令,创建绘图常用的"粗实线、细实线、中心线、虚线、尺寸线"等图层。

(2)利用"文字样式"命令,创建常用的"标题、尺寸"等文字。

(3)利用"标注样式"命令,创建常用的"线性、直径、螺纹、局部、线性-公差"等标注("局部"标注样式是用来标注局部放大的视图尺寸,由于布局将视图放大了 n:1 倍,故在创建"局部"放大标注样式时,需将"主单位"选项卡下的"比例因子"设为"1:n")。

(4)利用"多重引线样式"命令,创建常用的"斜角、公差"标注。

(5)绘制图形。

① 将当前图层设置为"中心线",绘制轴线。

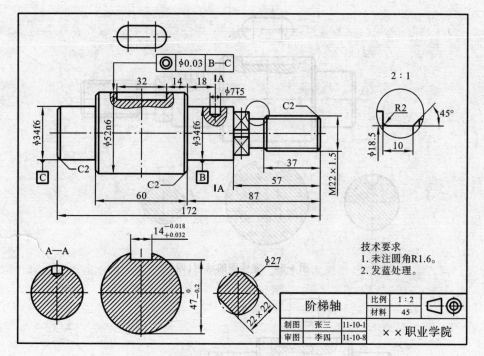

图 6-47 零件图的绘制（一）

② 将当前图层设置为"粗实线"，用"插入块"命令插入"轴段"，绘制轴的轮廓，进行分解整理后的结果如图 6-48 所示。

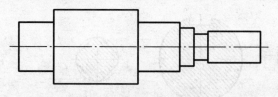

图 6-48 零件图的绘制（二）

③ 利用"倒角"等命令绘制倒角、螺纹等细节特征，如图 6-49 所示。

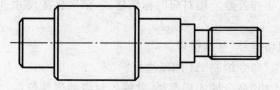

图 6-49 零件图的绘制（三）

④ 利用"偏移、修剪、样条曲线、填充、文字"等命令，绘制局部剖视图、断面图和向视图，如图 6-50 所示。

⑤ 利用"复制、修剪、缩放、文字"等命令绘制局部放大视图，如图 6-51 所示。

167

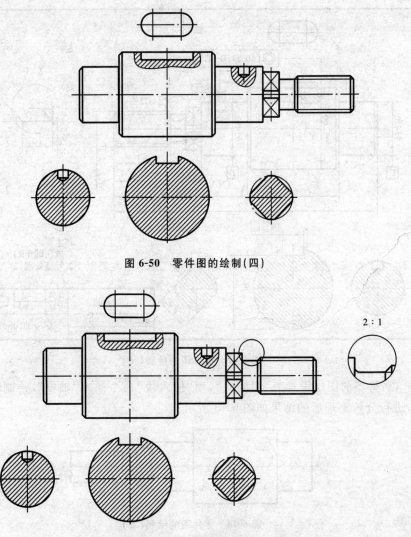

图 6-50 零件图的绘制（四）

图 6-51 零件图的绘制（五）

（6）标注尺寸和公差。用对应的标注样式，依次标注尺寸、尺寸公差、形位公差、倒角等。

（7）标注剖切符号、基准代号。

（8）用"矩形"命令绘制 A4 图纸边框。

（9）用"插入块"命令插入标题栏，并输入对应的属性值。

（10）用"单行文字"或"多行文字"命令注写技术要求。

（11）检查、编辑、整理并清理图形。

（12）保存图形文件。

项目总结

　　对于零件图上的尺寸标注,除了要求其正确、完整、清晰外,还须考虑其合理性:既要满足设计要求,又要便于加工和测量。

　　学会经常使用块操作,节省绘图时间。

　　熟练掌握零件上常见孔的尺寸标注、表面粗糙度的标注、公差及配合尺寸的标注和形位公差的标注。

　　注意图层的灵活使用,能对零件的线型、尺寸标注、表面粗糙度标注、技术要求等进行全面的控制。

思考与上机操作

1. 抄绘图 6-52 至图 6-55 所示零件图。

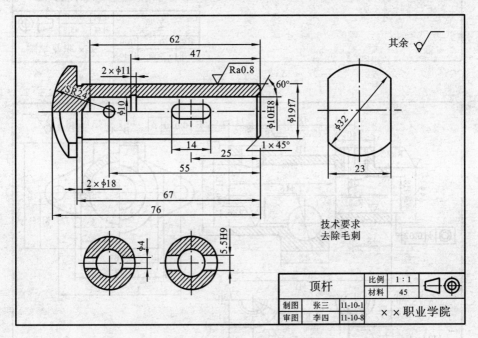

图 6-52　顶杆

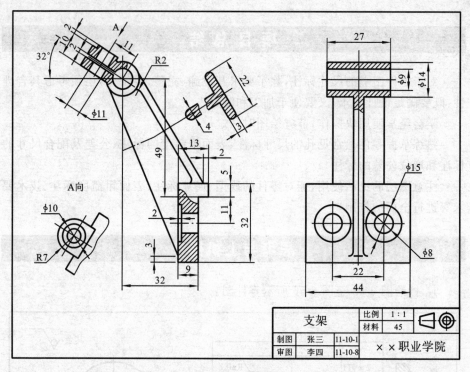

图 6-53　支架

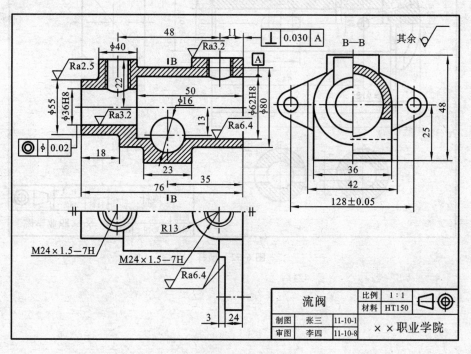

图 6-54　流阀

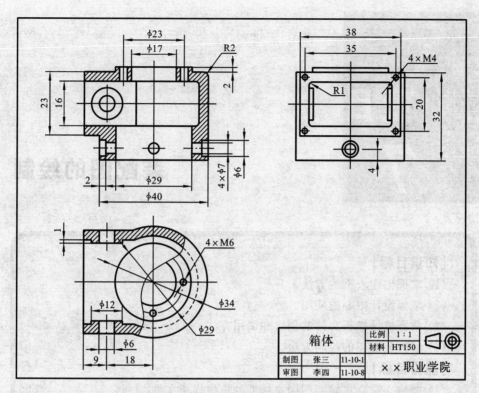

图 6-55 箱体

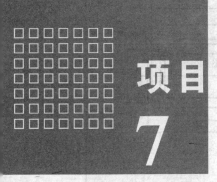

项目

7

装配图的绘制

装配图是用来表达机器或部件的工作原理、结构性能和零件间装配连接关系等内容的图样,是制定装配工艺规程,进行装配、检验、安装及维修的技术文件。设计新产品时先画装配图,再由装配图拆画零件图;测绘机器时先拆画零件图,再由零件图来拼画装配图。

装配图包含以下内容:一组视图、必要的尺寸、技术要求、零(组)件序号、标题栏和明细表。

在 AutoCAD 中装配图的绘制方法主要包括:零件图块插入、零件图形文件插入、利用设计中心拼绘装配图等。

任务 1 创建和填写标题栏

本任务以创建和填写如图 7-1 所示的标题栏为例,介绍"表格样式"、"插入表格"等命令。操作过程如下。

(1) 创建装配图标题栏的表格样式。

① 单击"格式"→"表格样式",弹出"表格样式"对话框。

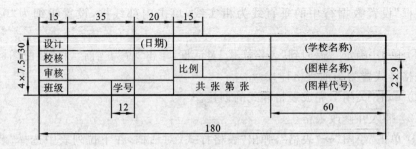

图 7-1 装配图标题栏

② 单击"新建"按钮，打开"创建新的表格样式"对话框，在"新样式名"文本框中输入"装配图标题栏"。

③ 单击"继续"按钮，系统打开"新建表格样式：装配图标题栏"对话框，在"单元样式"下拉列表中选择"数据"，设置装配图标题栏数据的特性。

④ 在"表格方向"下拉列表中选择"向下"，则装配图标题栏的数据由上向下填写。

⑤ 在"常规"选项卡的"对齐"下拉列表中选择"正中"，指定明细栏的数据书写在表格的正中间；在"页边距"的"垂直"、"水平"文本框中均输入"0.1"，指定单元格中的文字与上下左右单元边线之间的距离，如图 7-2 所示。

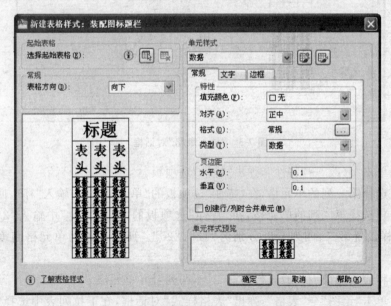

图 7-2 装配图标题栏的"常规"选项卡

⑥ 单击"文字"，在"文字样式"下拉列表中选择"长仿宋字"，在"文字高度"文本框中输入"3.5"，确定数据行中文字的样式及高度。

⑦ 单击"边框"，在"线宽"下拉列表中选择"0.50 mm"，再单击"左边框"和

"右边框"设置数据行中的垂直线为粗实线,单击内部线框,设置粗细为"0.25 mm"。

⑧ 单击"确定",返回到"表格样式"对话框,单击"置为当前",将"装配图标题栏"表格样式置为当前表格样式。

⑨ 单击"关闭",完成表格样式的创建。

(2)插入并修改表格。

① 单击"绘图"→"表格",弹出"表格样式"对话框,在下拉列表中选择"装配图标题栏",将"插入方式"选择为"指定插入点",并按图 7-3 所示设置各参数。

② 单击"确定"后,在绘图区适当位置单击,指定表格的插入点。

③ 在弹出的"文字格式"对话框中单击"确定",完成装配图左半部分的插入。

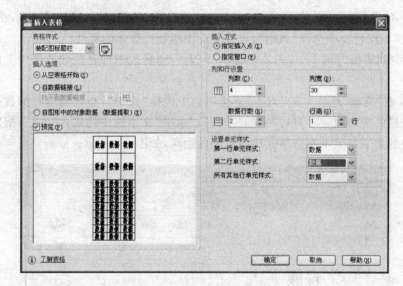

图 7-3 "插入表格"对话框

④ 单击"修改"→"特性",弹出"特性"选项板。

⑤ 选择第一列的单元格,在"特性"选项板的"单元宽度"中输入"15",回车。

⑥ 再选择第二列的单元格,在"特性"选项板的"单元宽度"中输入"23",回车。同样设置第三、四列宽度分别为"12"、"20"。所有表格的单元格高度均为"7.5"。

⑦ 将表格的第一、二、三行的第二、三两列合并单元格。

⑧ 单击"绘图"→"表格",弹出"表格样式"对话框,在下拉列表中选择"装配图标题栏",在"插入方式"选择"指定插入点",按图 7-3 所示设置各参数,不同的是数据行数取为"3",列数取"3"。

⑨ 单击"确定",在第一个表格的右上角顶点处单击,指定表格的插入点。

⑩ 单击"确定",完成装配图右半部分的插入。

⑪ 依次在每一列单元格内单击,在"特性"选项板的"单元格"中输入其宽度值 10、40、50 和高度值 10。

⑫ 将右半部分的第一行和第三行的第一、二两列合并单元格。

⑬ 单击左面表格的右边框和右面表格的左边框,修改边框的线宽为"0.25 mm",按"ESC"键,退出选择,完成表格的修改,如图 7-4 所示。

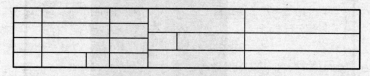

图 7-4　修改后的表格

(3)填写装配图标题栏。

在"数据"单元格内双击,自上而下填写明细栏内容。

表格功能是从 AutoCAD 2005 版开始新增的功能,有了该功能,用户可以很方便地插入需要的表格。在机械图样中经常要用到表格,如标题栏、零件图中的参数表、装配图中的明细表等。可通过创建表格命令来创建数据表,用于保证标准的字体、颜色、文本、高度和行距。用户可直接利用默认的表格样式创建表格,也可自定义或修改已有的表格样式。

知识点 1　新建表格样式

1. 启动命令的方式

- 工具栏:"样式"
- 菜单命令:"格式"→"表格样式"
- 键盘命令:Tablestyle

2. 命令操作

1)表格样式

执行上述命令后,系统将弹出"表格样式"对话框,如图 7-5 所示,其各选项的功能如下。

(1)当前表格样式:显示当前的表格样式,系统默认的表格样式为 Standard。

(2)置为当前按钮:将左边样式对话框中的样式设置为当前样式。

(3)新建按钮:用于新建表格样式。

(4)修改按钮:用于对左边样式列表中选中的样式进行样式修改设置。

2)新建表格样式

单击"表格样式"对话框中的"新建"按钮,系统打开"创建新的表格样式"对话框,如图 7-6 所示,在"新样式名"文本框中输入新建的表格样式名后,单击"继续"按钮,系统打开"新建表格样式"对话框,如图 7-7 所示。

"新建表格样式"对话框中各选项组的含义如下。

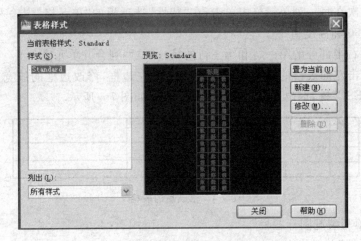

图 7-5 "表格样式"对话框

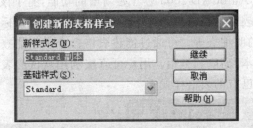

图 7-6 "创建新的表格样式"对话框

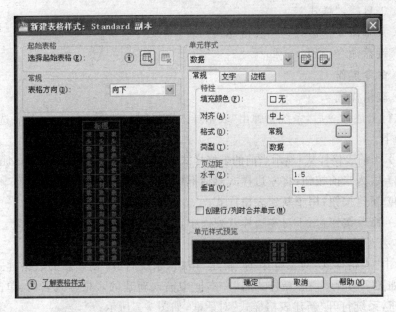

图 7-7 "新建表格样式"对话框

（1）"起始表格" 可以在图形中指定一个表格用作样例来设置此表格样式的格式,若图形中没有表格,可不选。

（2）"常规" 用于设置表格方向,有"向上"和"向下"两个选项,"向上"是指创建由下至上读取的表格,标题行和列标题行在表格的底部;"向下"则相反。

（3）"单元样式" 用于确定新的单元样式或修改现有的单元样式,有"标题"、"表头"、"数据"三个选项,可分别用于设置表格的标题、表头和数据单元的样式。三个选项中均包含有"常规"、"文字"和"边框"三个选项卡。

（4）"数据"选项组下的"基本"选项卡 "特性"选项组用于设置单元的填充颜色、对齐、格式和类型等;"页边距"选项组用于设置单元边界与单元内容之间的间距。

（5）"数据"选项组下的"文字"选项卡 可设置当前单元样式的文字样式、文字高度、文字颜色和文字角度。

（6）"数据"选项组下的"边框"选项卡 可设置表格边框线的形式,包括线宽、线型、颜色、是否双线、边框线有无等选项。例如,在"线宽"下拉列表中选择0.25 mm,在"线型"下拉列表中选择"continuous",单击"内边框"按钮,可将设置应用于内边框线,再在"线宽"下拉列表中选择0.50 mm,在"线型"下拉列表中选择"continuous",单击"外边框"按钮,可将设置应用于外边框线。

"标题"和"表头"选项的内容及设置方法同上所述。标题栏表格不包含标题和表头,所以可不必对"标题"和"表头"选项进行设置。

3）修改表格样式

单击"表格样式"对话框中的"修改"按钮,系统打开"修改表格样式"对话框,如图7-8所示。用户可以通过它来改变原来的设置,相关操作类似于新建表格样式。

图7-8 "修改表格样式"对话框

知识点 2　插入表格

设置好表格样式后，可以利用"表格"命令在图形中插入一个表格，然后在表格的单元中添加内容。

1. 表格命令的启动

- 工具栏：单击"绘图"绘图工具栏中的按钮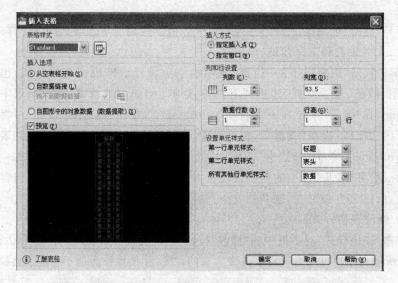
- 菜单："绘图"→"表格"
- 键盘命令：Table

执行"表格"命令后，系统打开"插入表格"对话框，如图 7-9 所示。

图 7-9　"插入表格"对话框

2. 插入表格的一般步骤

1）选择或创建表格样式

在"表格样式设置"选项组的"表格样式名称"中选择已定义的表格样式。单击"表格样式名称"左侧的按钮，打开"表格样式"对话框，可以创建新的表格样式。

2）选择表格插入方式

（1）"指定插入点"：指定表格左上角或左下角的位置来确定表格位置。

（2）"指定窗口"：指定表格的大小和位置。选定此项时，表格的行数、列数、列宽和行高取决于窗口的大小及列和行的设置。

3）设置表格的行和列

"行和列设置"用于设置插入表格的行和列的数目及大小。

4）设置单元样式

（1）"第一行单元样式"：用于指定表格中第一行的单元样式，默认为"标题"

单元样式。

（2）"第二行单元样式"：用于指定表格中第二行的单元样式，默认为"表头"单元样式。

（3）"所有其他行单元样式"：用于指定表格中其他所有行的单元样式，默认为"数据"单元样式。

设置完所有选项后，单击"确定"按钮，关闭"插入表格"对话框。此时系统弹出表格框，如果在"插入表格"对话框中选择了"指定插入点"，则系统要求指定插入点；如果选择了"指定窗口"选项，则系统要求指定第一个角点和第二个角点。

在指定位置处插入一个设定的空表格，并显示多行文字编辑器，如图 7-10 所示。要移动到下一个单元，可按"Tab"键，或使用方向键向左、向右、向上和向下移动，用户可在单元格内输入相应的文字或数据，完成表格数据的输入。单击"确定"按钮，退出文字编辑器，完成表格的插入。

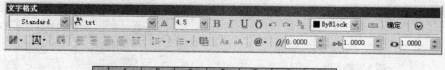

图 7-10　空表格和多行文字编辑器

知识点 3　表格的编辑与修改

1. 修改表格的行数和列数

在要添加行或列的表格单元内单击后右击，弹出如图 7-11 所示的快捷菜单，根据需要进行选择即可。

2. 修改表格的行高与列宽

1）利用表格的夹点或表格单元的夹点进行修改

该方式通过拖动夹点来更改表格的行高与列宽。单击表格的任意网格线，出现表格夹点，各夹点功能如下。

（1）左上夹点：移动表格。

（2）右上夹点：均匀修改表格宽度。

（3）左下夹点：均匀修改表格高度。

（4）右下夹点：均匀修改表格高度和宽。

（5）列夹点：更改列宽而不拉伸表格。

（6）Ctrl＋列夹点：加宽或缩小相邻列，与此同时加宽或缩小表格以适应此修改。

单击表格的单元格出现单元格夹点,功能类似于表格的夹点。

2) 使用"特性"选项板进行修改

选中表格,单击右键,在右键菜单中选择"特性",弹出该表格的特性对话框,如图 7-12 所示,在窗口中可修改表格宽度和高度。

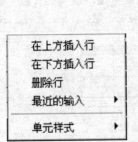

图 7-11 "修改列数、行数"快捷菜单

图 7-12 "特性"对话框

3. 修改表格的文字内容

(1) 用鼠标左键在表格内双击,在弹出的多行文字编辑器中重新输入文字或数据。

(2) 选定单元格后,按"F2"键,在弹出的多行文字编辑器中重新输入文字或数据。

任务 2 创建符合国家标准的、带图框和标题栏的 A3 样板图形

样板功能通过提供标准样式和设置来保证用户创建的图形的一致性,是许多软件用于统一文件格式、提高工作效率的主要方法和途径。AutoCAD 也具有样板功能——图形样板文件。为实现快捷、方便地用 AutoCAD 绘制出规范的工程图样,必须熟悉与掌握图形样板功能的使用方法。在 AutoCAD 中文版本中,也提供了一些图形样板文件,但其设置不一定满足用户要求,用户可依据国家标

准的相关规定和绘图的实际需求,重新制作或修改样板文件,操作过程如下。

（1）新建文件　输入新建图形命令 New 或"Ctrl＋N"创建一个新的图形文件。在弹出的如图 7-13 所示"选择样板"对话框中,选择图形样板文件 acadiso. dwt 创建新样板文件。

图 7-13 "选择样板"对话框

（2）设置绘图单位类型及精度　设置绘图单位类型及精度的方法、步骤见项目 2。

（3）设置图形界限　设置图形界限的方法、步骤见项目 2。也可以不设置图形界限,通过编辑命令中移动全部图元的方式,将不在图形界限内的全部图元移至合适区域。

（4）调整显示范围　操作步骤如下。

命令:zoom　　　　　　　　　　（启动命令）

指定窗口的角点,输入比例因子(nX 或 nXP),或者［全部(A)/中心(C)/动态(D)/范围(E)/上一个(P)/比例(S)/窗口(W)对象(O)］＜实时＞:a

（选择"全部"选项）

（5）设置捕捉及栅格的间距及状态　为提高绘图的速度和效率,可以显示并捕捉矩形栅格,还可以控制栅格的间距、角度和对齐。在机械绘图过程中,由于一般采用坐标输入的方法给定距离,栅格应用不广泛。

（6）设置图框格式　应根据国家标准《技术制图 图纸幅面和格式》(GB/T 14689—2008)和《技术制图 标题栏》(GB/T 10609.1—2008)中规定的尺寸绘制图纸的图框和标题栏。用 Line 命令或 Rectang 命令绘制图纸的边界线和图框线。图纸的边界线用细实线绘制,图框线用粗实线绘制。

标题栏的外框用粗实线,内部用细实线。可使用 Line 命令和有关的编辑命令(如 Array 的矩形阵列、Offset 等)或用插入表格的方式,绘制标题栏的图形部分。

图框和标题栏绘制完成后,可将相关的三个图层设置为锁定状态,以防止在后续的绘图过程中对其进行误操作。

(7) 创建与设置文字样式　创建一个名为"工程字体"的文字样式,在 SHX 字体中选用"gbeitc. shx"字体及"gbcbig. shx"大字体,其他为默认选项。

(8) 创建图层并设置图层属性　新建图层并设置相关属性。打开"图层管理器"对话框,完成图层及图层特性设置,操作步骤见项目2。

(9) 设置尺寸样式　创建尺寸标注样式,操作步骤见项目5。

(10) 书写标题栏中的文字　一张完整的工程图样,除了图形外,还需要相关的文字说明和注释。对于一些比较简短的文字项目,如标题栏信息、尺寸标注说明等,往往采用单行文字;对于技术要求等,常使用多行文字,也可都采用多行文本。

(11) 定义常用符号图块　用户可以通过创建属性块的方法,自定义表面粗糙度、形位公差基准符号等图块,操作步骤见项目6。

(12) 保存样板文件　依次选取"文件"→"另存为",在"图形另存为"对话框中的"文件类型"下拉列表框中选择"AutoCAD 图形样板(∗. dwt)"选项,在"文件名"处输入"A3_Y",单击"保存"按钮保存文件。在弹出的"样板选项"对话框中,输入对该图形样板文件的描述和说明,如图 7-14 所示,单击"确定"按钮,完成样板文件的创建。

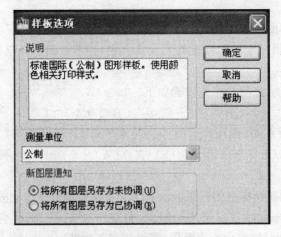

图 7-14　"样板选项"对话框

知识点 1　样板文件的创建

机械图样的样板文件包括以下主要内容。

(1) 绘图环境的设置　创建包括绘图单位、图幅、图纸的全屏显示、捕捉等。

（2）图层的设置 创建粗实线、细实线、虚线、点画线等常用图层，并按要求设置各图层的颜色、线型等特性。

（3）文字样式设置 创建尺寸标注文字和文字样式，并置为当前。

（4）尺寸样式设置 创建包括直线、圆、角度、公差等尺寸样式，并将常用的标注样式置为当前。

（5）创建各种常用图块 创建粗糙度符号、形位公差基准符号等图块。

制作机械图的图形样板文件时，应依据国家标准《机械制图 图纸幅面及标题栏》(GB/T 14689—1993)、《机械制图 比例》(GB/T 14690—1993)和《CAD工程制图规则》(GB/T 18229—2000)等相关规定以及绘图的实际需求，对上述内容进行设置和调整。

知识点 2 样板文件的调用

创建样板文件后，用户可以随时调用样板文件用于绘制新图，即使用"新建图形"命令后，打开的"选择样板"对话框，选择所建样板文件的名称，双击打开。

提示：对打开的样板文件修改后准备保存时，需将图样名称改动后再保存；否则，将以当前设置替换原来的样板文件设置内容。

知识点 3 设计中心

设计中心是从 AutoCAD 2000 版开始新增加的一个功能，其外观类似 Windows 资源管理器，使用它可浏览、查找、管理 AutoCAD 图形及来自其他源文件或应用程序的内容，可将位于本地计算机、局域网或因特网上的图块、图层、外部参照和用户定义的图形内容复制并粘贴到当前绘图区中，进行资源共享，使用户不必对其重复设置，提高了图形管理和图形设计的效率。

1. AutoCAD 设计中心的界面

1）调用命令的方式

- 菜单命令："工具"→"选项板"→"设计中心"
- 工具栏："标准"→"设计中心"
- 键盘命令：Adcenter 或 ADC
- 快捷键：Ctrl＋2

2）操作步骤

执行上述命令后，弹出"设计中心"界面，如图 7-15 所示。界面含有文件夹、打开的图形、历史记录、三个选项卡和一个工具栏，界面中的树状图区显示所选选项卡的树形结构，内容显示区显示在树形区域选中的浏览资源的细目或内容。"设计中心"窗口具有自动隐藏功能，将光标移至"设计中心"的标题栏上，使用右键菜单选项可激活或取消自动隐藏。界面的各个部分可用鼠标拉动边框改变其大小。

(1) 工具栏 设计中心工具栏共有 11 个按钮,如图 7-16 所示。

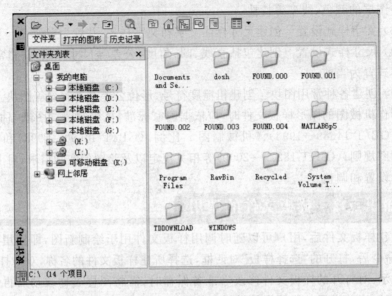

图 7-15 "设计中心"界面

图 7-16 "设计中心"的工具栏

① "加载"按钮 :用于显示"加载"对话框,可浏览本地和网络驱动器上的文件,并将选定的内容装入设计中心的内容显示框。

② "上一级"按钮 :显示当前位置的文件夹、文件的上一级内容。

③ "搜索"按钮 :用于显示"搜索"对话框,可搜索所需的资源。

④ "收藏夹"按钮 :用于显示"收藏夹"文件夹的内容,可通过收藏夹来标记存放在本地磁盘、网络驱动器或网页上的内容。

⑤ "主页"按钮 :用于返回到设计中心的启动界面。

⑥ "树状图切换"按钮 :单击该按钮,可在设计中心界面的"树状图"和"桌面图"之间切换。

⑦ "预览" 和"说明" 按钮:均为开关按钮,分别用于控制设计中心界面上预览区和说明区的显示或隐藏。

(2) 选项卡 "设计中心"界面有"文件夹"、"打开的图形"和"历史记录"三个选项卡。

① "文件夹"选项卡:显示计算机或网络驱动器中文件和文件夹的层次结构。

②"打开的图形"选项卡：显示在当前环境中已打开的所有图形文件，其中包括最小化了的图形，单击某个图形文件，可以将图形文件的内容加载到内容显示区中，如图 7-17 所示。

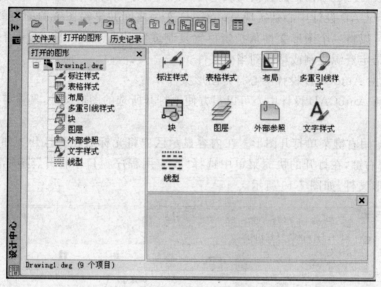

图 7-17　"设计中心"的"打开的图形"选项卡

③"历史记录"选项卡：显示最近在设计中心访问过的图形文件列表，如图 7-18 所示。双击列表中的某个图形文件，可以在"文件夹"选项卡中的树状视图中定位此图形文件，并将其内容加载到内容显示区中。

图 7-18　"设计中心"的"历史记录"选项卡

2. AutoCAD 设计中心的应用

应用 AutoCAD 设计中心，可以很方便地把所选图形文件打开，并可通过内容区域或"搜索"对话框的查找列表把需要的内容添加到打开的图形文件中。

AutoCAD 设计中心是实现 AutoCAD 文件之间共享绘图资源的有效工具，它不仅可以将一个图形文件从指定位置复制或粘贴到当前文件，还能将指定文件中的指定资源复制或粘贴到当前文件。

1）由 AutoCAD 设计中心打开图形文件

利用 AutoCAD 设计中心可以很方便地打开所选的图形文件，具体有两种操作方法。

（1）用右键菜单打开图形　在内容显示区中将光标放在要打开文件的图标处，点击右键，在打开的快捷菜单中选择"在应用程序窗口中打开"选项，打开相应的图形文件，如图 7-19 所示。

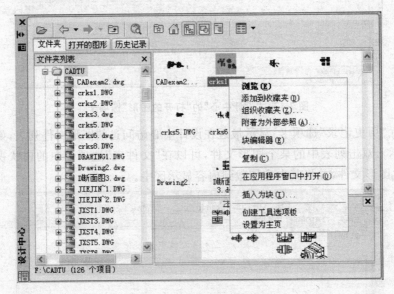

图 7-19　用右键菜单打开图形

（2）用拖放方式打开图形　从内容显示区中选中要打开图形文件的图标，按住鼠标左键将其拖出设计中心，若拖动到绘图区域外的任何位置松开左键，则将打开相应的图形文件；若拖动到绘图区域中，则在当前图形中插入块。

2）利用 AutoCAD 设计中心查找资源

单击设计中心工具栏的"搜索"按钮，弹出如图 7-20 所示的对话框，利用该对话框可以搜索所需的资源。在设计中心可以查找的内容有：图形、填充图案、填充图案文件、图层、块、文字样式、线型、标注样式和布局等。

具体操作方法如下。

（1）打开设计中心。

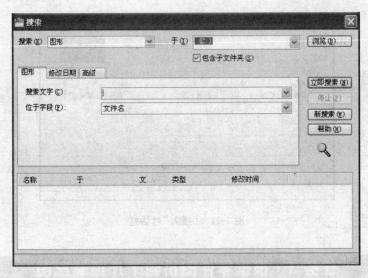

图 7-20 "设计中心"的"搜索"对话框

(2) 单击"搜索"按钮,打开"搜索"对话框。

(3) 在"搜索"下拉列表框中选择需要查找内容的类型。

(4) 在"搜索"下拉列表框中选择或指定搜索路径名,单击"立即搜索"按钮进行搜索。

3) 利用 AutoCAD 设计中心复制图形资源

利用 AutoCAD 设计中心,可以方便地将其他图形中的图层、图块、文字样式、标注样式、整个图形等复制到当前图形,这样可节省绘图时间,并保证图形间的一致性。可采用以下方法复制需要的图形资源。

(1) 在内容显示区或"搜索"对话框中,选中需要复制的图形资源,按住鼠标左键不放,将其拖到当前绘图区后松开鼠标,即完成复制。

(2) 右击要复制的图形资源图标,在弹出的快捷菜单中选择"复制",再在绘图区中单击鼠标右键,在弹出的快捷菜单中选择"粘贴",即完成复制。

(3) 双击图形资源图标,可将该表格样式复制到当前图形。

(4) 用鼠标双击"标题栏"图标,可将该表格样式复制到当前图形。

4) 利用 AutoCAD 设计中心插入块

在 AutoCAD 设计中心中,可以使用两种方法添加块。

(1) 拖放法　与上述添加表格样式等资源的方法一样,先在文件夹列表区或搜索对话框中找到所要插入的块,用鼠标将其拖放到绘图区的相应位置,块将以默认的比例和旋转角度插入到当前图形中。

(2) 双击法　双击内容显示区或搜索区中的块,或者右击内容显示区或搜索区中的块,选择"插入块"选项,都将弹出"插入"对话框,如图 7-21 所示。此对话框与执行命令"Insert"时弹出的对话框一样。

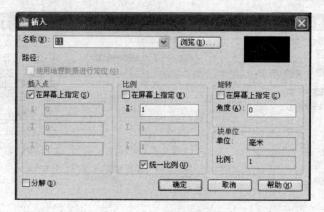

图 7-21　"插入"对话框

任务3　根据零件图拼画千斤顶装配图

（1）创建新图形　启动 AutoCAD,选择样板文件创建新图形,并保存为"千斤顶装配图.dwg"。

（2）利用拼装法绘制装配图　首先复制"底座"视图,其后的操作步骤如下。

① 打开如图 7-22 所示的"底座"零件图,保留粗实线层、点画线层,关闭其他层。

② 选择"窗口"菜单中的"垂直平铺",用缩放命令调整两个窗口的显示状态。

③ 激活"底座"零件图窗口,选择"底座"主视图,按下鼠标右键将其拖动到装配图窗口中适当位置,释放右键后,在自动弹出的快捷菜单中选择"复制到此处",即可完成装配图中底座的投影。

④ 关闭"底座"零件图窗口。

（3）装入"螺套"视图　操作步骤如下。

① 打开如图 7-23 所示的"螺套"零件图,保留粗实线层、点画线层,关闭其他层。

② 选择"窗口"菜单中的"垂直平铺",用缩放命令调整两个窗口的显示状态。

③ 激活"螺套"零件图窗口,选择"螺套"主视图,按下鼠标右键,将其拖动到装配图窗口中适当位置,释放右键后,选择"复制到此处"选项。

④ 在装配图窗口中编辑修改"螺套"投影。用"旋转"命令将螺套视图角度设置为$-90°$,删减装配后多余的图线,用"移动"命令将编辑好的图形移动到"底座"的视图上。

⑤ 关闭"螺套"零件图窗口。

（4）装入如图 7-24 所示"螺旋杆"的视图,注意移动时应保证螺旋杆中上部的下底面与底座的上表面投影平齐,以及它们的回转轴线重合。

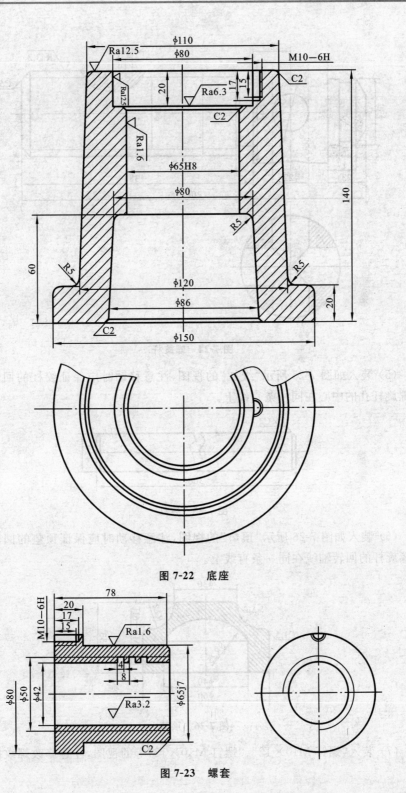

图 7-22　底座

图 7-23　螺套

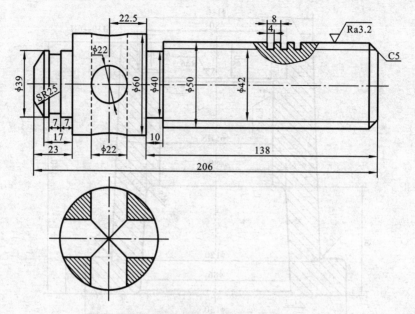

图 7-24　螺旋杆

(5) 装入如图 7-25 所示"绞杠"的视图,注意移动时应保证绞杠的回转轴线与螺旋杆孔的中心在同一条直线上。

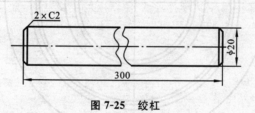

图 7-25　绞杠

(6) 装入如图 7-26 所示"顶垫"的视图,注意移动时应保证顶垫的回转轴线与螺旋杆的回转轴线在同一条直线上。

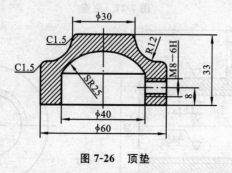

图 7-26　顶垫

(7) 装入"螺钉 M10×12"、"螺钉 M10×12"等的视图,注意修改螺纹的粗细线。

（8）填充剖面线，编辑全图，调整视图位置。

（9）标注尺寸。先创建尺寸标注样式，将其置为当前，再用尺寸标注命令标注尺寸。

（10）标注零件序号。先创建尺寸标注样式，将其置为当前，标注时需将引线末端的"箭头"设置成"小点"，其他设置和标注倒角时的相同。

（11）插入标题栏块和明细栏块。用"插入块"命令插入标题栏块和明细栏块。

通过以上步骤即可根据零件图绘制装配图，如图7-27所示。应用AutoCAD绘制装配图的方法，一般有直接画法和拼装画法两种。

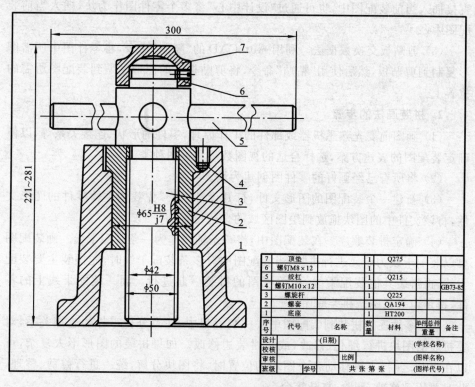

图7-27 千斤顶装配图

知识点 1　装配图的直接绘制

按照手工画装配图的作图顺序，依次绘制各组成零件在装配图中的投影。为了方便作图，在画图时，可以将不同的零件画在不同的图层上，以便关闭或冻结某些图层，使图面简化。由于关闭或冻结的图层上的图线不能编辑，所以在进行"移动"等编辑操作以前，要先打开、解冻相应的图层。

知识点 2　装配图的拼装画法

1. 拼装画法的概念

先画出各个零件的零件图,再将零件图定义为图块文件或附属图块,用拼装图块的方法将其拼装成装配图。

在 AutoCAD 中根据零件图拼画装配图的主要方法有以下三种。

(1)零件图块插入法　将零件图中的各个图形创建为图块,然后在装配图中插入所需的图块。

(2)零件图形文件插入法　用户可使用"Insert"命令将整个零件图作为块,直接插入当前装配图中,也可通过"设计中心"将多个零件图作为块,插入当前装配图中。

(3)剪贴板交换数据法　利用 AutoCAD 的"复制"命令,将零件图中所需图形复制到剪贴板,然后使用"粘贴"命令,将剪贴板上的图形粘贴到装配图所需的位置上。

2. 拼装画法的步骤

(1)画图前要先熟悉机器或部件的工作原理,零件的形状、连接关系等,以便确定装配图的表达方案,选择合适的视图数量和视图种类。

(2)将所有已经画好的零件图创建为块。

(3)新建一个装配图的图形文件,打开设计中心,先找到主体零件的图形文件,将该文件中的图块拖放到绘图区域的合适位置。

(4)确定拼装顺序　在装配图中,将一条轴线作为一条装配干线。画装配图要以装配干线为单元进行拼装,当装配图中有多条装配干线时,先拼装主要装配干线,再拼装其他装配干线,相关视图的拼装一起进行。同一装配干线上的零件,按定位关系确定拼装顺序。

(5)零件逐个拼装到装配图中　拼装过程中,注意分析零件的遮挡关系,对要拼装的图块进行细化、修改,或边拼装边修改。如果拼装的图形不太复杂,可以在拼装之后,不再移动各个图块的位置时,将图块分解,统一进行修剪、整理,此时要用到修剪、删除、打断等命令。

(6)检查错误　可从以下两个方面进行检查。

① 检查定位是否正确:放大显示零件的各相接部位,依次检查定位是否正确。

② 检查修剪结果是否正确:在插入零件的过程中,随着插入图形的增多,以前被修改过的零件视图,可能又被新插入的零件视图遮挡,这时就需要重新修剪;有时,可能由于考虑不周或操作失误,会造成修剪错误。这些都需要仔细检查、周密考虑。

注意:由于在装配图中一般不画虚线,所以,画图前要尽量分析详尽,分清各零件之间的遮挡关系,剪掉被遮挡的图线。

(7)修改图形 可从以下两个方面进行修改。

① 调整零件表达方案。由于零件图和装配图表达的侧重点不同,对同一零件的表达方法就不完全相同,必要时应当调整某些零件的表达方法,以适应装配图的要求。

② 修改剖面线。画零件图时,一般不会考虑零件在装配图中对剖面线的要求。所以,在创建块时若关闭了"剖面线"图层,则只需按照装配图对剖面线的要求重新填充即可;若没有关闭图层,已经将剖面线的填充信息带进来了,则需注意:调整螺纹连接处剖面线的填充区域;相邻的两个或多个被剖到的零件,应统筹调整剖面线的间隔或倾斜方向,以适应装配图的要求。

③ 调整重叠的图线。插入零件后,会有许多重叠的图线,应作必要的调整。例如,当中心线重叠时,显示或打印的结果将不是中心线,而是实线,装配图中几乎所有的中心线都要作调整。调整的办法有关闭相关图层,删除、使用夹点编辑多余图线或删除一些重叠的线。

(8)考虑整体布局、调整视图位置。

布置视图时要考虑周全,使各个视图既要充分、合理地利用空间,又应在图面上分布恰当、均匀,还需兼顾尺寸、零件编号、技术要求、标题栏和明细表的绘制与填写空间。此时,需要充分发挥计算机绘图的优越性,随时调用"移动"命令,反复进行调整。

提示:布置视图前,应打开所有的图层。为保证视图间的对应,移动视图时应打开"正交"、"对象捕捉"、"对象追踪"等捕捉模式。

(9)标注尺寸和技术要求。

装配图尺寸和技术要求的标注方法与零件图的类似,只是标注内容各有侧重。关闭零件图标注尺寸的图层,分别用尺寸标注和文字注写(单行或多行)命令标注装配图的尺寸和技术要求。

提示:标注时关闭"剖面线"图层,会给标注带来很大的方便。

(10)标注零件序号、填写标题栏和明细表。

零件序号有多种标注形式,其中,用多重引线命令可以很方便地标注零件序号。对多重引线进行设置后,为保证标注序号排列的整齐,可以使用多重引线的对齐指令,使序号上方的水平线位置及文字序号的位置排列整齐。利用表格功能绘制标题栏和明细表。

项 目 总 结

绘制装配图时,与传统的手工绘图相比,AutoCAD绘图具有快捷、方便、易修改的特点。当有了部件或设备的全部零件图时,利用复制、粘贴或插入图形等操作,可方便地将已有零件图拼装成装配图,也可将全部零件组装在一起,准确地检验设计中存在的问题,如检验是否存在干涉、能否装配及间隙合适与否等,这都是手工绘图所无法比拟的。

　　本项目以绘制千斤顶装配图为例,讲述装配图的拼装画法和一些绘图技巧,通过对本项目的学习,可以掌握二维机械图的绘制。绘制装配图时,先画出各组成零件的零件图,然后按一定的装配关系将其复制到装配图中,再删除配合面的公共线,修改被遮挡的轮廓线及剖面线的方向或间隔即可,这样既可以提高绘图效率,还可使绘图员进一步理解各零件之间的装配和连接关系。熟练掌握尺寸标注、技术要求、零件编号和明细栏的绘制方法,有效使用表格,利用设计中心等均能缩短绘制时间。机械样板文件的建立可使装配图的绘制更加高效。

思考与上机操作

　　抄画如图 7-28 至图 7-34 所示钻模的零件图并拼画装配图(见图7-35),修改标题栏,使其符合相关标准要求。

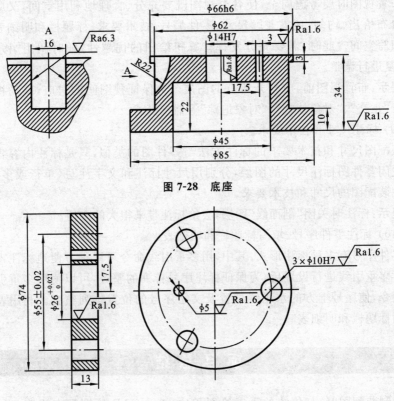

图 7-28　底座

图 7-29　钻模板

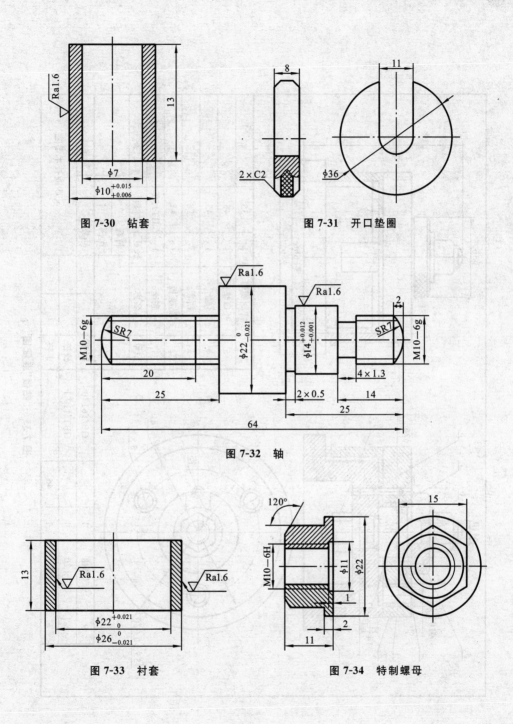

图 7-30　钻套

图 7-31　开口垫圈

图 7-32　轴

图 7-33　衬套

图 7-34　特制螺母

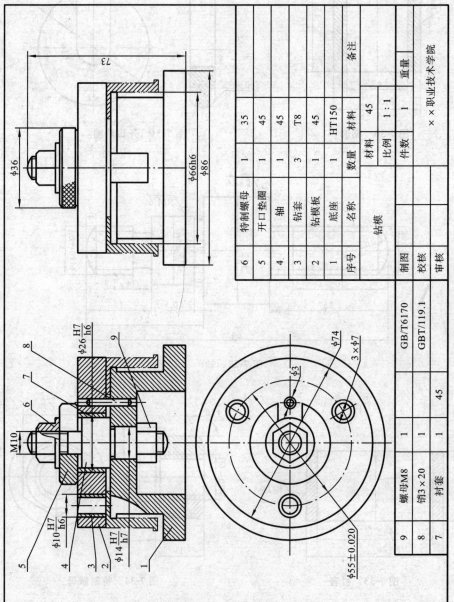

序号	名称	数量	材料	备注
6	特制螺母	1	35	
5	开口垫圈	1	45	
4	轴	1	45	
3	钻套	3	T8	
2	钻模板	1	45	
1	底座	1	HT150	
9	螺母M8	1		GB/T6170
8	销3×20	1		GBT/119.1
7	衬套	1	45	

钻模		材料	45	重量	
		比例	1:1		××职业技术学院
制图		件数	1		
校核					
审核					

图 7-35 "钻模"装配图

项目 8

三维实体造型

【知识目标】

(1) 掌握三维图形的观察方法及用户坐标系的创建方法。

(2) 掌握创建基本三维实体的方法及基本参数的设置。

(3) 掌握通过二维图形创建三维实体的方法。

(4) 掌握通过布尔运算创建复杂三维实体的方法。

(5) 掌握三维图形的编辑方法。

【能力目标】

(1) 能配合三维实体观察方法灵活地进行 UCS 的创建。

(2) 能绘制由基本体组合的三维实体。

(3) 能综合运用多种建模方法创建较复杂的三维模型。

(4) 能灵活运用布尔运算进行三维绘图。

(5) 能熟练运用三维编辑命令。

任务 1　三维实体支架的绘制

本任务以绘制三维实体支架为例,介绍三维视图、UCS、实体创建、布尔运算、长方体等知识。图 8-1 所示为支架的平面尺寸,实体支架的制图步骤如下。

(1) 新建一个图形文件。执行"菜单浏览器"→"格式"→"图层",打开图层特性管理器,新建图层,如图 8-2 所示。

(2) 单击"图层特性管理器",将"底板"层设置为当前层。单击视图工具栏中的主视图按钮" "，绘制如图 8-3(a)所示图形。执行"菜单浏览器"→"视图"→"三维视图"→"西南等轴测",将绘图环境转化为三维绘图空间,结果如图8-3(b)所示。

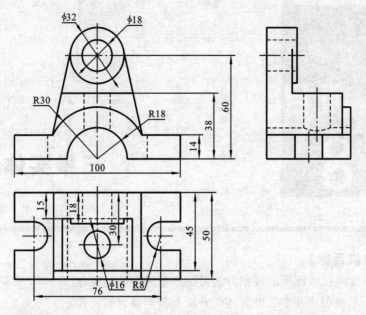

图 8-1 支架

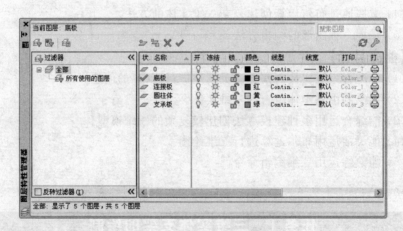

图 8-2 "新建图层"对话框

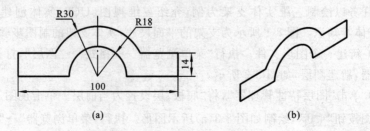

(a)   (b)

图 8-3 三维实体支架的绘制(一)

（3）单击绘图工具栏中的面域按钮"⬜"，选取步骤（2）绘制的对象，按回车键退出命令。再单击"建模"工具栏中拉伸按钮"⬆"，选取创建的面域对象，输入拉伸距离 50，按回车键退出命令，其结果如图 8-4（a）所示。

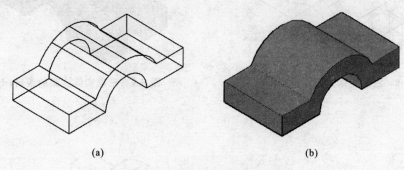

(a)　　　　　　　　　　　　　　(b)

图 8-4　三维实体支架的绘制（二）

（4）单击"图层特性管理器"，将"连接板"层设置为当前层。单击视图工具栏中的俯视图按钮"⬜"，绘制如图 8-5 所示的图形。执行"菜单浏览器"→"视图"→"三维视图"→"西南等轴测"，将绘图环境转化为三维绘图空间，结果如图 8-6 所示。

图 8-5　三维实体支架的绘制（三）

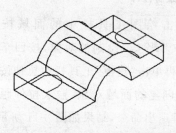

图 8-6　三维实体支架的绘制（四）

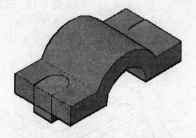

图 8-7　三维实体支架的绘制（五）

（5）单击绘图工具栏中面域按钮"⬜"，选取步骤（4）绘制的两个对象，按回车键退出命令。再单击"建模"工具栏中的拉伸按钮"⬆"，选取创建的两个面域对象，输入拉伸距离－20，按回车键退出命令，结果如图 8-7 所示。

（6）单击实体编辑工具栏中的差集按钮"⬤"，选取大的对象，即图 8-8 所示的 1 号对象，按回车键，再选取小的对象，即图 8-8 所示的 2、3 号对象，按回车键退出命令，结果如图 8-9 所示。

（7）单击"图层特性管理器"，将"支承板"层设置为当前层。单击视图工具栏中的主视图按钮"⬜"，绘制如图 8-10（a）所示图形。执行"菜单浏览器"→"视图"→"三维视图"→"西南等轴测"，将绘图环境转化为三维绘图空间，结果如图 8-10（b）所示。

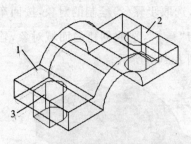

图 8-8   三维实体支架的绘制（六）

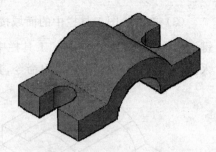

图 8-9   三维实体支架的绘制（七）

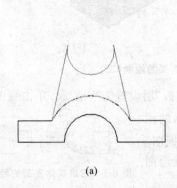

(a)   (b)

图 8-10   三维实体支架的绘制（八）

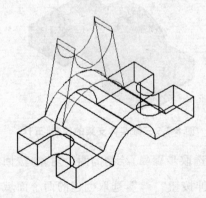

图 8-11   三维实体支架的绘制（九）

（8）单击绘图工具栏中的面域按钮"⬚"，选取步骤（7）绘制的对象，按回车键退出命令。再单击"建模"工具栏中拉伸按钮"⬚"，选取创建的面域对象，输入拉伸距离15，按回车键退出命令，结果如图 8-11 所示。

（9）单击"图层特性管理器"，将"圆柱体"层设置为当前层。单击视图工具栏中的主视图按钮"⬚"，绘制 φ18、φ32 两圆。执行"菜单浏览器"→"视图"→"三维视图"→"西南等轴测"，将绘图环境转化为三维绘图空间。再单击"建模"工具栏中"⬚"拉伸按钮，选取 φ18、φ32 两圆，输入拉伸距离18，按回车键退出命令，结果如图 8-12 所示。

（10）单击实体编辑工具栏中的差集按钮"⬚"，选取大的对象，即图 8-12所示的 φ32 圆柱，按回车键，再选取小的对象，即图 8-12 所示的 φ18 圆柱，按回车键退出命令，结果如图 8-13 所示。

（11）单击"图层特性管理器"，将"连接板"层设置为当前层。单击视图工具

图 8-12　三维实体支架的绘制（十）

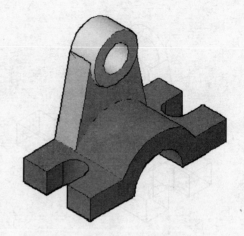

图 8-13　三维实体支架的绘制（十一）

栏中的主视图按钮"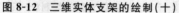"，绘制如图 8-14 所示图形，并将其创建为面域。执行
"菜单浏览器"→"视图"→"三维视图"→"西南等轴测"，将绘图环境转化为三维
绘图空间。再单击"建模"工具栏中的拉伸按钮"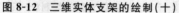"，选取创建的面域对象，输
入拉伸距离 45，按回车键退出命令，结果如图 8-15 所示。

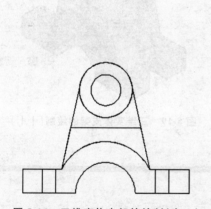

图 8-14　三维实体支架的绘制（十二）

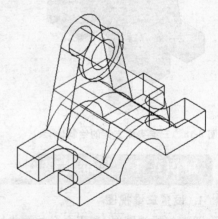

图 8-15　三维实体支架的绘制（十三）

　　（12）单击实体编辑工具栏中的并集按钮"⬭"，选取所有对象，按回车键退
出命令，结果如图 8-16 所示。单击视图工具栏中的俯视图按钮"▱"，绘制 φ16
圆。执行"菜单浏览器"→"视图"→"三维视图"→"西南等轴测"，将绘图环境转
化为三维绘图空间，结果如图 8-17 所示。

　　（13）单击"建模"工具栏中的拉伸按钮"⬚"，选取步骤（12）绘制的 φ16 圆，
输入拉伸距离－50，按回车键退出命令，结果如图 8-18 所示，再单击实体编辑工
具栏中的差集按钮"⬭"，选取大的对象，即立体图，按回车键，再选取小的对象，
即 φ16 的圆柱，按回车键退出命令，结果如图 8-19 所示，即为三维实体支架图。

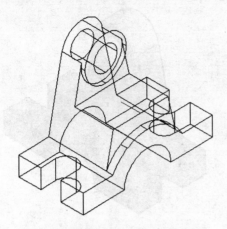

图 8-16　三维实体支架的绘制（十四）

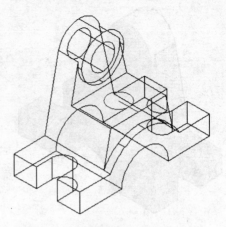

图 8-17　三维实体支架的绘制（十五）

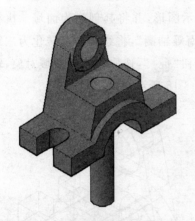

图 8-18　三维实体支架的绘制（十六）

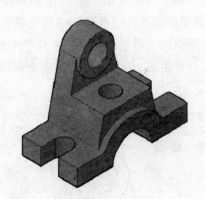

图 8-19　三维实体支架的绘制（十七）

知识点 1　三维观察

1. 设置三维视图

设置三维视图时，调用命令的方式如下。

- 工具栏："视图"
- 菜单命令："视图"→"三维视图"
- 键盘命令：View

"视图"工具栏中包括十种视图（见图 8-20），即"俯视"、"仰视"、"左视"、"右视"、"前视"、"后视"、"西南等轴测"、"东南等轴测"、"西北等轴测"、"东北等轴测"，如图 8-21 所示。

图 8-20　"视图"工具栏

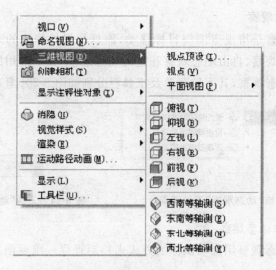

图 8-21 "三维视图"子菜单

2. 视口

采用"视口"命令可以建立多个绘图区域。各视口可采用"三维视图"命令设置同一模型的不同视点视图。

调用命令的方式如下。

- 工具栏:"视口"→"新建视口"
- 菜单命令:"视图"→"视口"→"新建视口"
- 键盘命令:Vports

执行命令后,系统弹出"视口"对话框,如图 8-22 所示。

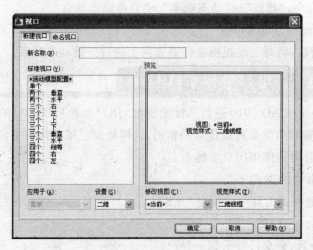

图 8-22 "视口"对话框

3. 三维动态观察

三维动态观察是指视点围绕目标移动,而目标保持静止的观察方式。它包括受约束的动态观察、自由动态观察和连续动态观察,其中常用的是受约束的动态观察和自由动态观察,其下拉菜单及工具栏分别如图 8-23、图 8-24 所示。

图 8-23 三维"动态观察"下拉菜单   图 8-24 三维"动态观察"工具栏

1) 受约束的动态观察

受约束的动态观察用拖动鼠标的方式来控制观察三维视图。调用命令的方式如下。

- 工具栏:"动态观察"→"受约束的动态观察"
- 菜单命令:"视图"→"动态观察"→"受约束的动态观察"
- 键盘命令:3DOrbit

命令执行后,将对三维视图沿 XOY 平面或 Z 轴约束方式进行三维动态观察。

2) 自由动态观察

自由动态观察用导航球来控制三维视图。调用命令的方式如下。

- 工具栏:"动态观察"→"自由动态观察"
- 菜单命令:"视图"→"动态观察"→"自由动态观察"
- 键盘命令:3DFOrbit

命令执行后,将对三维视图在任意方向上进行三维动态观察。

知识点 2   用户坐标系(UCS)

在使用 AutoCAD 2010 进行三维绘图时,用户坐标系(UCS)的原点位置、X轴、Y轴和 Z轴的角度是可以任意调整的,这样绘制三维实体将更便捷。UCS 命令用于建立、管理和使用用户坐标系。

1. 调用命令的方式

- 菜单命令:"工具"→"新建 UCS"
- 键盘命令:UCS

执行命令后,命令行提示如下。

指定 UCS 的原点或[面(F)/命名(NA)/对象(OB)/上一个(P)/视图(V)/世界(W)/X/Y/Z/Z 轴(ZA)]<世界>:

2. 命令行中各选项的含义

(1)"指定 UCS 的原点" 使用一点、两点或三点定义一个新的 UCS。如果指定单个点,当前 UCS 的原点将会移动而不会改变 X、Y、Z 轴的方向。

(2)"面(F)" 将 UCS 与三维实体的选定面对齐。

(3)"命名(NA)" 按名称保存并恢复通常使用的 UCS 方向。

(4)"对象(OB)" 根据选定三维对象定义新的坐标系。新建坐标系的拉伸方向即 Z 轴正方向与选定对象的拉伸方向相同。

(5)"上一个(P)" 恢复上一个 UCS。

(6)"视图(V)" 以垂直于观察方向的平面为 XY 平面,建立新的坐标系,UCS 原点保持不变。

(7)"世界(W)" 将当前用户坐标系设置为世界坐标系。

(8)"X/Y/Z" 绕指定轴旋转当前坐标系。

(9)"Z 轴(ZA)" 用指定的 Z 轴正半轴定义 UCS。

知识点 3　通过拉伸创建实体

1. 功能

拉伸是指沿指定的方向将二维封闭的图形对象拉伸指定距离来创建三维实体或曲面的方法。

2. 调用命令的方式

- 工具栏:"建模"→"拉伸"
- 下拉菜单:"绘图"→"建模"→"拉伸"
- 命令行:Extrude

3. 操作步骤

执行拉伸命令后,命令行提示如下。

当前线框密度:ISOLINES=(当前值)　选择要拉伸的对象:(选定要拉伸的对象后,按回车键)

指定拉伸的高度或[方向(D)/路径(P)/倾斜角(T)]:

4. 命令行中各选项的含义

(1)"指定拉伸的高度" 此为默认选项。设定拉伸的高度值后回车,如图8-25所示。

(2)"方向(D)" 指定两点间的长度和方向,以确定拉伸体的长度和方向。

(3)"路径(P)" 选择指定路线作为拉伸路径,该路径将作为三维实体的中心,如图 8-26 所示。

(4)"倾斜角(T)" 按一定的倾斜角度拉伸对象,如图 8-27 所示。

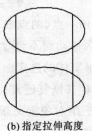

(a)拉伸前　　　　(b)指定拉伸高度　　　　(c)指定拉伸方向

图 8-25　拉伸实体

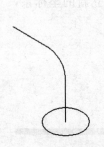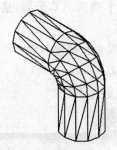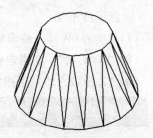

图 8-26　沿路径拉伸对象　　　　　　**图 8-27　指定倾斜角度拉伸对象**

知识点 4　布尔运算

三维实体的布尔运算是指通过实体的相加、相减、相交来创建复杂实体的过程。

1. 并集运算

1）功能

将实体相加,通过加法操作合并选定的三维实体和面域。

2）调用命令的方式

- 工具栏:"建模"→"并集"
- 菜单命令:"修改"→"实体编辑"→"并集"
- 键盘命令:Union

3）操作步骤

执行并集命令后,命令行提示如下。

选择对象:(选中对象后回车即可)

此时,系统对两对象求和,如图 8-28 所示。

2. 差集运算

1）功能

将实体相减,从一个实体中删除与另一个实体的公共部分。

2）调用命令的方式

- 工具栏:"建模"→"差集"

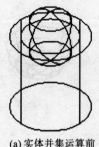

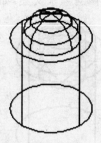

(a) 实体并集运算前　　　　　　　(b) 实体并集运算后

图 8-28　实体并集运算

- 菜单命令:"修改"→"实体编辑"→"差集"
- 键盘命令:Subtract

3) 操作步骤

执行差集命令后,命令行提示如下。

选择要从中减去的实体、曲面和面域...(选中实体 1)

选择要减去的实体、曲面和面域...(选中实体 2)

此时,系统从实体 1 中减去实体 2,如图 8-29 所示。

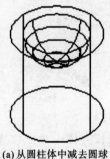

(a) 从圆柱体中减去圆球　　　　　　(b) 从圆球中减去圆柱体

图 8-29　实体差集运算

3. 交集运算

1) 功能

将实体相交,得到两个或两个以上实体的公共部分。

2) 调用命令的方式

- 工具栏:"建模"→"交集"
- 菜单命令:"修改"→"实体编辑"→"交集"
- 键盘命令:Intersect

3) 操作步骤

执行交集命令后,命令行提示如下。

选择对象:(选中对象后回车即可)

此时,系统对两对象求交集,如图 8-30 所示。

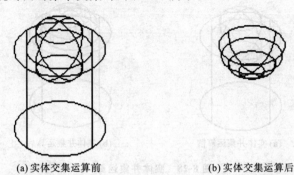

(a)实体交集运算前   (b)实体交集运算后

图 8-30　实体交集运算

知识点 5　长方体

1. 功能

主要用于创建指定尺寸的三维实体长方体。

2. 调用命令的方式

- 工具栏:"建模"→"长方体"
- 菜单命令:"绘图"→"建模"→"长方体"
- 键盘命令:Box

3. 操作步骤

执行命令后,命令行提示如下。

指定第一个角点或[中心(C)]:

4. 命令行中各选项的含义

(1)"指定第一个角点"。为默认选项,根据长方体一角点位置绘制长方体。当输入长方体的角点后,命令行提示如下。

指定其他角点或[立方体(C)/长度(L)]:

其中,各选项含义如下。

①"指定其他角点":输入另一角点的坐标绘制长方体,这个长方体的各边与当前 UCS 的 X、Y 和 Z 轴平行。

②"立方体(C)":创建一个立方体。输入"c"后,命令行提示为

指定长度:(直接输入长方体的长度即可)

③"长度(L)":按指定长、宽、高绘制长方体。此时长方体长、宽、高的方向分别与当前 UCS 的 X、Y 和 Z 轴平行。

(2)"中心(C)"　使用指定的圆心创建长方体。执行命令后,命令行提示如下。

指定中心:(直接输入长方体的中心点坐标)

指定角点或[立方体(C)/长度(L)]:

其中,各选项含义如下。

①"指定角点":输入长方体一角点的坐标绘制长方体。长方体的各边与当前 UCS 的 X、Y 和 Z 轴平行。

②"立方体(C)":创建一个立方体。输入 C 后,命令行提示为

指定长度:(直接输入长方体的长度即可)

③"长度(L)":按指定长、宽、高绘制长方体。此时长方体长、宽、高的方向分别与当前 UCS 的 X、Y 和 Z 轴平行。

任务 2　鼓风机外壳的绘制

本任务以绘制如图 8-31 所示的鼓风机外壳为例,介绍剖切、圆柱体、放样、扫掠、三维倒角和三维倒圆等知识。制图步骤如下。

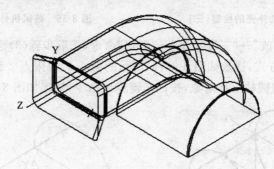

图 8-31　鼓风机外壳

(1)单击"图层特性管理器",将"轮廓线"层设置为当前层。单击视图工具栏中的主视图按钮"▢",再单击视图工具栏中的西南等轴测按钮"◈",将绘图环境转化为三维绘图空间,结果如图 8-32 所示。

(2)单击"建模"工具栏中的圆柱体按钮"▢",指定底面的中心点,输入"0,0",指定底面半径为 200,指定高度为−200,按回车键退出命令,结果如图 8-33

图 8-32　鼓风机外壳的绘制(一)

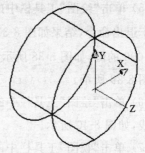

图 8-33　鼓风机外壳的绘制(二)

所示。

（3）单击"实体编辑"工具栏中的拉伸面按钮""，选取图 8-34 所示的面 2，输入 R 后回车，再选取该面即将其删除。选取图 8-34 所示的面 1，按回车键完成选取，指定拉伸高度输入 200，指定拉伸的倾斜角度输入 0，按回车键退出命令，结果如图 8-35 所示。

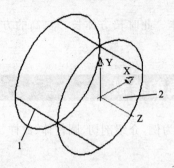

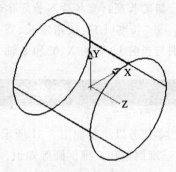

图 8-34　鼓风机外壳的绘制（三）　　　　图 8-35　鼓风机外壳的绘制（四）

（4）单击"修改"→"三维操作"→"剖切"命令，选取步骤（3）绘制的剖切对象，选择"3 点"剖切方式，选取如图 8-36（a）所示的圆心 1、象限点 2 和圆心 3，在圆柱上部指定点，保留圆柱上部对象，按回车键退出命令，结果如图 8-36（b）所示。

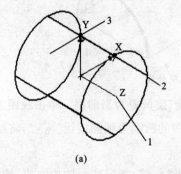

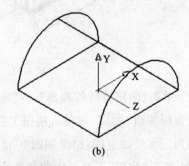

(a)　　　　　　　　　　　　(b)

图 8-36　鼓风机外壳的绘制（五）

（5）单击"绘图"工具栏中的直线按钮"/"，输入"0,0"后回车，再输入 300 后回车退出命令，结果如图 8-37 所示。再单击绘图工具栏中的圆按钮"⊘"，绘制 $\phi1\,000$ 的圆，如图 8-38 所示。再单击修改工具栏中的修剪按钮"-/-"，修剪结果如图 8-39 所示。

（6）单击"绘图"工具栏中的直线按钮"/"，捕捉圆弧的端点，绘制长为 300 的直线，如图 8-40 所示。

（7）单击"视图"工具栏中的俯视图按钮"▱"，单击"绘图"工具栏中的矩形按钮"▢"，绘制一个 280×160 矩形，再单击"视图"工具栏中的西南等轴测按钮

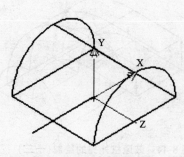

图 8-37　鼓风机外壳的绘制(六)

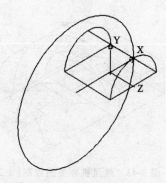

图 8-38　鼓风机外壳的绘制(七)

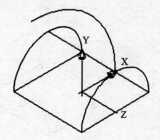

图 8-39　鼓风机外壳的绘制(八)

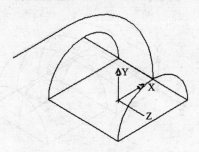

图 8-40　鼓风机外壳的绘制(九)

" ◇ ",将绘图环境转化为三维绘图空间,结果如图 8-41 所示。

(8) 在命令行输入 PE 后回车,选取曲线 1,回车,输入"J"后回车,选取曲线 1、2,按回车键退出命令,将曲线 1、2 进行合并。

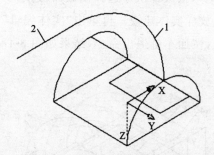

图 8-41　鼓风机外壳的绘制(十)

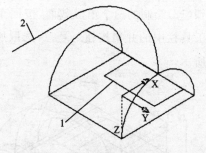

图 8-42　鼓风机外壳的绘制(十一)

(9) 单击"建模"工具栏中的扫掠按钮" ",选取图 8-42 所示的 1 号矩形后回车,选取 2 号曲线为扫掠路径,按回车键完成扫掠,结果如图 8-43 所示。

(10) 在命令行中输入"UCS"后回车,选取 a、b、c 三点定坐标系,结果如图 8-44所示。

(11) 单击"绘图"工具栏中矩形按钮" □ ",绘制一个 280×160 的矩形,如图 8-45 所示。再单击"修改"工具栏中偏移按钮" ",指定偏移距离为 40,按回车

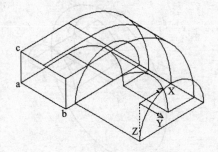

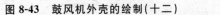

图 8-43　鼓风机外壳的绘制(十二)

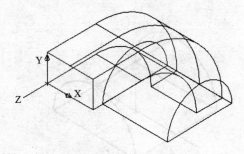

图 8-44　鼓风机外壳的绘制(十三)

键,选取 280×160 的矩形为偏移对象,按回车键完成偏移,结果如图 8-46 所示。

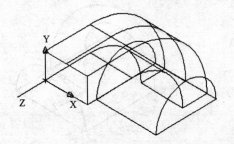

图 8-45　鼓风机外壳的绘制(十四)

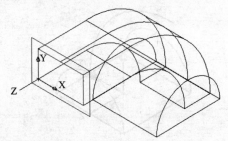

图 8-46　鼓风机外壳的绘制(十五)

(12) 单击"修改"工具栏中移动按钮" ✛ ",选取步骤(11)的偏移对象,输入移动距离 80,按回车键完成移动。

(13) 单击"建模"工具栏中放样按钮" ",按放样次序选择横截面,选取步骤(12)绘制的两个矩形截面,按回车键完成放样实体建模。再单击"实体编辑"工具栏中的并集按钮" ",选取所有对象,按回车键退出命令,结果如图 8-47 所示。

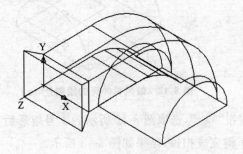

图 8-47　鼓风机外壳的绘制(十六)

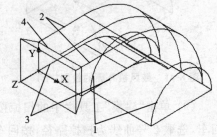

图 8-48　鼓风机外壳的绘制(十七)

(14) 单击"修改"工具栏中倒圆角按钮" ",输入半径"R"后回车,指定圆角半径为 40,选取图 8-48 所示的矩形 4,按回车键完成倒圆角。单击鼠标右键继续倒圆角命令,输入半径"R"后回车,指定圆角半径为30,选取图8-48所示边2、3,按回车键完成倒圆角。再单击鼠标右键继续倒圆角命令,输入半径"R"后回车,指定圆角半径为5,选取图8-48所示圆弧1,按回车键完成倒圆角。结果如图8-49所示。

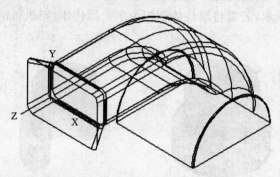

图8-49 鼓风机外壳的绘制(十八)

知识点1 剖切

1. 功能

通过指定的平面对三维实体进行剖切。

2. 调用命令的方式

• 菜单命令:"修改"→"三维编辑"→"剖切"

• 键盘命令:Slice

3. 操作步骤

执行命令后,命令行提示如下。

选择要剖切的对象:(选中对象后按回车)

指定切面的起点或[平面对象(O)/曲面(S)/Z轴(Z)/视图(V)/XY(XY)/YZ(YZ)/ZX(ZX)/三点(3)]<三点>:

4. 命令行中各选项的含义

(1)"指定切面的起点":用指定的两点确定剖切平面位置。

(2)"平面对象(O)":将指定对象所在平面作为剖切平面。

(3)"曲面(S)":将绘制的曲面作为剖切平面。

(4)"Z轴(Z)":通过在平面上指定一点和在平面的法线方向上指定另一点来确定剖切平面。

(5)"视图(V)":将当前视口的视图平面作为剖切平面。

(6)"XY(XY)":剖切平面将通过指定点且与当前用户坐标系的XOY平面平行。

(7)"YZ(YZ)":剖切平面将通过指定点且与当前用户坐标系的YOZ平面

平行。

(8)"ZX(ZX)":剖切平面将通过指定点且与当前用户坐标系的 ZOX 平面平行。

(9)"三点(3)":用指定的三点来确定剖切平面。

如图 8-50 所示,若需将圆柱体剖切为半个圆柱体,则执行剖切命令后,命令行提示如下。

(a)实体剖切前　　　　　　　(b)实体沿ZX平面剖切后

图 8-50　实体剖切

选择要剖切的对象:(选中对象后按回车)

指定切面的起点或[平面对象(O)/曲面(S)/Z 轴(Z)/视图(V)/XY(XY)/YZ(YZ)/ZX(ZX)/三点(3)]<三点>:　　　　(输入 ZX 后回车)

指定 ZX 平面上的点:　　　(指定图 8-50(a)所示圆柱体上顶面的圆心)

在所需的侧面上指定点或[保留两个侧面(B)]:

(选择圆柱体右侧上的任意点)

知识点 2　圆柱体

1. 功能

主要用于创建指定尺寸的三维实体圆柱体和椭圆柱体。

2. 调用命令的方式

- 工具栏:"建模"→"圆柱体"
- 菜单命令:"绘图"→"建模"→"圆柱体"
- 键盘命令:Cylinder

3. 操作步骤

执行命令后,命令行提示如下。

指定底面的中心点或[三点(3P)/两点(2P)/切点、切点、半径(T)/椭圆(E)]:

4. 命令行中各选项的含义

(1)"指定底面的中心点"　为默认选项,通过指定圆柱的圆心、底面半径和高度来创建圆柱体。

（2）"三点（3P）" 通过指定三个点来确定圆柱体的底面。

（3）"两点（2P）" 通过指定两个点来确定圆柱体的底面。

（4）"切点、切点、半径（T）" 定义具有指定半径，且与两个对象相切的圆柱体底面。

（5）"椭圆（E）" 指定椭圆柱的椭圆底面。

知识点3 放样

1. 功能

主要用于通过包含有两个或更多横截面轮廓的一组轮廓对轮廓进行放样来创建三维实体或曲面。横截面轮廓可定义结果实体或曲面对象的形状。前提是必须至少指定两个横截面轮廓。

2. 调用命令的方式

- 工具栏："建模"→"放样"
- 菜单命令："绘图"→"建模"→"放样"
- 键盘命令：Loft

3. 操作步骤

执行放样命令后，命令行提示如下。

按放样次序选择横截面：（在绘图区域中，选择横截面轮廓后回车）

按需创建的三维对象通过横截面的顺序选择横截面轮廓后，弹出如图8-51所示对话框。

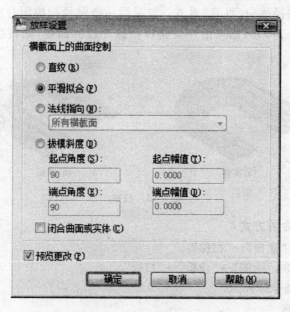

图8-51 "放样设置"对话框

4. 对话框中各选项的含义

(1)"直纹"　指定在实体或曲面的横截面之间绘制直纹(直线),并且在横截面处具有明显的边界。

(2)"平滑拟合"　指定在横截面之间绘制平滑实体或曲面,并且在起点和终点横截面处具有明显的边界。

(3)"法线指向"　控制实体或曲面在其通过横截面处的曲面法线。其下拉列表包含以下选项。

①"起点横截面":指定曲面法线为起点横截面的法向。

②"终点横截面":指定曲面法线为终点横截面的法向。

③"起点和终点横截面":指定曲面法线为起点和终点横截面的法向。

④"所有横截面":指定曲面法线为所有横截面的法向。

(4)"拔模斜度"　控制放样实体或曲面的第一个和最后一个横截面的拔模斜度和幅值。拔模斜度为曲面的开始方向。0 定义为从曲线所在平面向外。

(5)"闭合曲面或实体"　闭合和开放曲面或实体。使用该选项时,横截面应该形成圆环形图案,以便放样曲面或实体可以形成闭合的圆管。

知识点 4　扫掠

1. 功能

通过沿路径扫掠平面曲线(轮廓)来创建新实体或曲面,或者通过沿指定路径拉伸轮廓形状(扫掠对象)来绘制实体或曲面对象。沿路径扫掠轮廓时,轮廓将被移动并与路径法向(垂直)对齐。如果沿一条路径扫掠闭合的曲线,则将生成实体(见图 8-52(a));如果沿一条路径扫掠开放的曲线,则将生成曲面(见图8-52(b))。

(a)实体　　　　　　　　　(b)曲面

图 8-52　扫掠

2. 调用命令的方式

- 工具栏:"建模"→"扫掠"
- 菜单命令:"绘图"→"建模"→"扫掠"
- 键盘命令:Sweep

3. 操作步骤

执行扫掠命令后,命令行提示如下。

选择要扫掠的对象：

选择扫掠路径或[对齐(A)/基点(B)/比例(S)/扭曲(T)]：

4. 应用

图 8-53 所示为扫掠命令的应用。

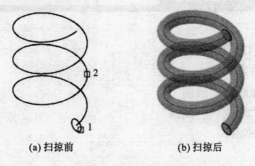

(a)扫掠前　　　　　　　　　(b)扫掠后

图 8-53　扫掠的应用

知识点 5　三维倒角

1. 功能

对三维实体进行倒角。

2. 调用命令的方式

- 工具栏:"修改"→"倒角"
- 菜单命令:"修改"→"倒角"
- 键盘命令:Chamfer

3. 操作步骤

执行倒角命令后,命令行提示如下。

选择第一条直线或[放弃(U)/多段线(P)/距离(D)/角度(A)/修剪(T)/方式(E)/多个(M)]：　　　（选择实体上要倒角的边,如图8-54(a)所示）

基面选择...

输入曲面选择选项[下一个(N)/当前(OK)]：

（选择用于倒角的基面,如图8-54(a)所示）

(a)实体倒角前　　　　　　　　(b)实体倒角后

图 8-54　实体倒角

指定基面的倒角距离:(输入倒角距离 10)

指定其他曲面的倒角距离:10

选择边或[环(L)]:(选择基面上的一条边,结果如图 8-54(b)所示)

知识点 6　三维倒圆

1. 功能

对三维实体进行倒圆。

2. 调用命令的方式

- 工具栏:"修改"→"倒圆"
- 菜单命令:"修改"→"倒圆"
- 键盘命令:Fillet

3. 操作步骤

执行倒圆命令后,命令行提示如下。

选择第一个对象或[放弃(U)/多段线(P)/半径(R)/修剪(T)/多个(M)]:

(选择实体上要倒圆的边,如图 8-55(a)所示)

输入圆角半径:(输入圆角半径值 10)

选择边或[链(C)/半径(R)]:　(选择基面上的一条边,结果如图 8-55(b)所示)

(a)实体倒圆前　　　　　　　　(b)实体倒圆后

图 8-55　实体倒圆

任务 3　足球的绘制

本任务以绘制如图 8-56 所示的足球为例,介绍"球体"、"旋转"、"三维镜像"、"三维旋转"、"三维阵列"等知识。制图步骤如下。

(1) 单击"图层特性管理器",将"五边形"层设置为当前层。单击视图工具栏中的俯视图按钮"⬚",绘制一个边长为 50 的正五边形,如图 8-57 所示。

(2) 单击绘图工具栏中的复制按钮"❀",将直线 BC、AC 复制,结果如图8-58(a)所示。

图 8-56　足球

(3) 单击绘图工具栏中的旋转按钮"↻",将 CF、

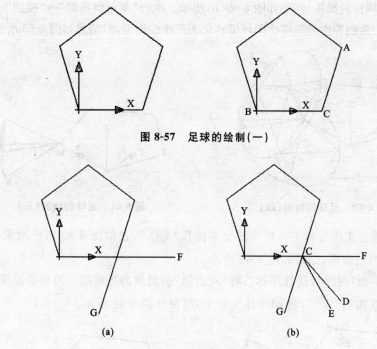

图 8-57　足球的绘制(一)

图 8-58　足球的绘制(二)

CG 分别旋转－60°、60°,结果如图 8-58(b)所示。连接 FE、DG,结果如图 8-59(a)所示。

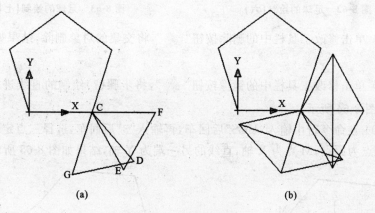

图 8-59　足球的绘制(三)

(4) 单击绘图工具栏中的面域按钮"⬚",选取步骤(3)绘制的两个三角形对象,按回车键退出命令。

(5) 单击"建模"工具栏中的旋转按钮"🗃",选取步骤(4)创建的三角形面域对象 CFE,以 CF 为旋转轴,按回车键结束命令;再选取面域对象 CDG,以 CG 为旋转轴,执行同样的操作,结果如图 8-59(b)所示。执行"菜单浏览器"→"视图"→"三维视图"→"西南等轴测",将绘图环境转化为三维绘图空间,结果如图 8-60 所示。

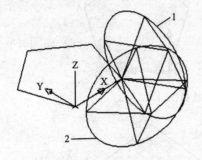

图 8-60　足球的绘制(四)

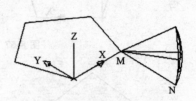

图 8-61　足球的绘制(五)

(6)单击实体编辑工具栏中的交集按钮"⬭",选取图 8-60 所示对象 1、2,按回车键退出命令,结果如图 8-61 所示。

(7)单击"图层特性管理器",将"六边形"层设置为当前层。再单击绘图工具栏中的直线按钮"╱",将 MN 连接起来,结果如图 8-62 所示。

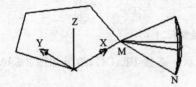

图 8-62　足球的绘制(六)

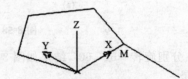

图 8-63　足球的绘制(七)

(8)单击修改工具栏中的删除按钮"╱",将交集的对象删除,结果如图8-63所示。

(9)单击修改工具栏中的镜像按钮"⚖",将步骤(7)绘制的直线进行镜像,结果如图 8-64 所示。

(10)在命令行中输入"UCS"后回车,再输入"3"后回车,选择三点定坐标系,指定 K 点为原点,M 点为 X 轴,直线的另一端为 Y 轴,结果如图 8-65 所示。

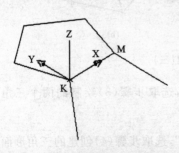

图 8-64　足球的绘制(八)

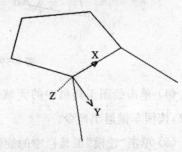

图 8-65　足球的绘制(九)

（11）单击修改工具栏中的镜像按钮""，将六边形的三条边进行镜像，结果如图 8-66 所示。

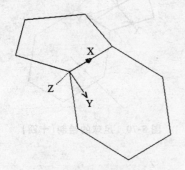

图 8-66　足球的绘制（十）

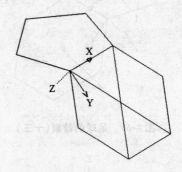

图 8-67　足球的绘制（十一）

（12）单击绘图工具栏中直线按钮"✏"，将六边形的对角线连接起来，结果如图 8-67 所示。继续执行直线命令，捕捉六边形的中点，输入"@0,0,130"后回车退出命令，再单击修改工具栏中的删除按钮"🖊"，将两条对角线删除，结果如图 8-68 所示。

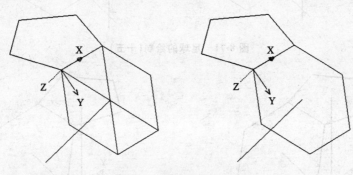

图 8-68　足球的绘制（十二）

（13）单击绘图工具栏中的直线按钮"✏"，将五边形的对角线连接起来，结果如图 8-69 所示。

（14）在命令行中输入"ucs"后回车，再输入"3"后回车，选择三点定坐标系，指定 0 点为原点，1 点方向为 X 轴，2 点方向为 Y 轴，结果如图 8-70 所示。单击绘图工具栏中的直线按钮"✏"，捕捉五边形的 0 点，输入"@0,0,130"后回车退出命令。再单击修改工具栏中的删除按钮"🖊"，将上步绘制的对角线删除，结果如图 8-71 所示。

（15）在命令行中输入"ucs"后回车，再输入"3"后回车，选择三点定坐标系，指定两直线的交点为原点，六边形中心方向为 X 轴，五边形中心方向为 Y 轴，结果如图 8-72 所示。再修剪上步绘制的两相交直线，结果如图 8-73 所示。

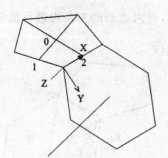

图 8-69　足球的绘制（十三）

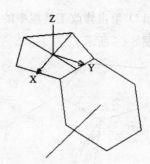

图 8-70　足球的绘制（十四）

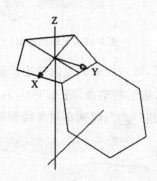

图 8-71　足球的绘制（十五）

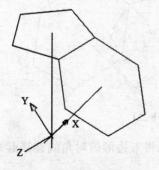

图 8-72　足球的绘制（十六）

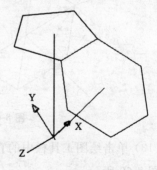

图 8-73　足球的绘制（十七）

（16）单击"图层特性管理器"，将"五边形"层设置为当前层，将"六边形"层关闭，结果如图 8-74 所示。单击"建模"工具栏中的拉伸按钮" "，选取五边形对象，输入拉伸距离 30，按回车键退出命令，结果如图 8-75 所示。

（17）单击"建模"工具栏中的球体按钮" "，指定原点为球体的中心点，指定原点到五边形任一边的端点的距离为半径后，按回车键退出命令，结果如图 8-76 所示。

（18）单击实体编辑工具栏中的差集按钮" "，选取五棱柱，按回车键；再

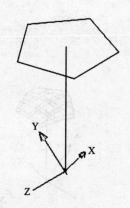

图 8-74　足球的绘制(十八)

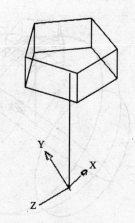

图 8-75　足球的绘制(十九)

选取球体,按回车键退出命令,结果如图 8-77 所示。

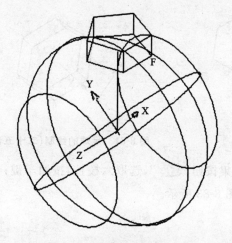

图 8-76　足球的绘制(二十)

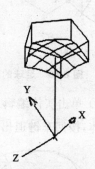

图 8-77　足球的绘制(二十一)

(19) 单击"建模"工具栏中的球体按钮"○",指定原点为球体的中心点,指定半径为 130,按回车键退出命令,结果如图 8-78 所示。

(20) 单击实体编辑工具栏中的交集按钮"⊗",选取五棱柱和球体后,按回车键退出命令,结果如图 8-79 所示。

(21) 单击"图层特性管理器",将"六边形"层设置为当前层,将"五边形"层关闭,结果如图 8-80(b)所示。单击"建模"工具栏中的拉伸按钮"⬆",选取六边形对象,输入拉伸距离 30,按回车键退出命令,结果如图 8-81 所示。

(22) 单击"建模"工具栏中的球体按钮"○",指定原点为球体的中心点,指定原点到六边形任一边的端点的距离为半径后,按回车键退出命令,结果如图 8-82所示。

223

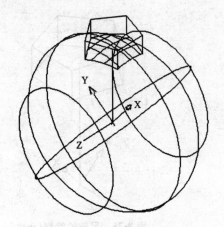

图 8-78　足球的绘制(二十二)

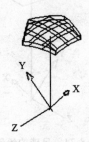

图 8-79　足球的绘制(二十三)

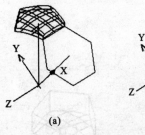

(a)　　　　　　　　　(b)

图 8-80　足球的绘制(二十四)

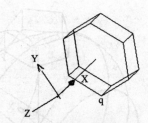

图 8-81　足球的绘制(二十五)

(23) 单击实体编辑工具栏中的差集按钮"⑩",选取六棱柱,按回车键;再选取球体,按回车键退出命令,结果如图 8-83 所示。

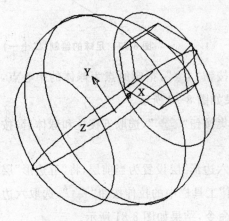

图 8-82　足球的绘制(二十六)

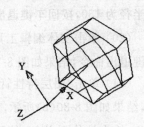

图 8-83　足球的绘制(二十七)

(24) 重复步骤(19),结果如图 8-84 所示。

(25) 单击实体编辑工具栏中交集按钮"⑩",选取六棱柱和球体后,按回车键退出命令,结果如图 8-85 所示。

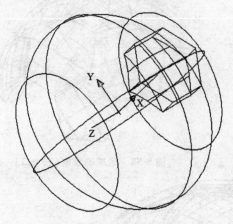

图 8-84 足球的绘制(二十八)

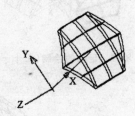

图 8-85 足球的绘制(二十九)

(26)执行"菜单浏览器"→"格式"→"图层",打开"图层特性管理器",将"六边形"层设置为打开状态,结果如图 8-86 所示。

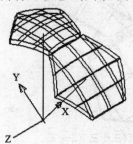 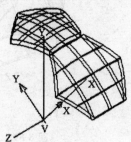

图 8-86 足球的绘制(三十)

(27)单击"修改"→"三维操作"→"三维阵列",选取五边形和五边形中间的一根直线后回车,输入"P",选择环形阵列,按回车键,输入阵列中的项目数目为 5,指定要填充的角度为 360 度。指定阵列的中心点为 0,0,指定第二点为 X 点,按回车键退出命令,结果如图 8-87 所示。

(28)单击"修改"→"三维操作"→"三维阵列",选取六边形和六边形中间的一根直线后回车,输入"P"选择环形阵列,按回车键,输入阵列中的项目数目为 3,指定要填充的角度为 360 度。指定阵列的中心点为 0,0,指定第二点为 Y 点,按回车键退出命令,结果如图 8-88 所示。

(29)单击修改工具栏中的删除按钮"✎",删除上步阵列的对象 1、2,结果如图 8-89 所示。

(30)单击修改工具栏中的阵列按钮"▦",选择环形阵列,选取对象 4、5,输入阵列中的项目数目为 5,指定要填充的角度为 360 度,按回车键退出命令,结果如图 8-90 所示。

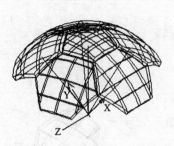

图 8-87　足球的绘制（三十一）

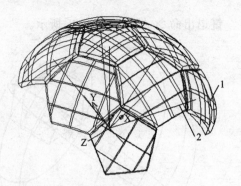

图 8-88　足球的绘制（三十二）

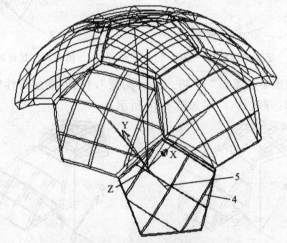

图 8-89　足球的绘制（三十三）

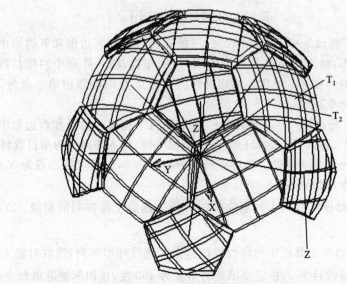

图 8-90　足球的绘制（三十四）

（31）单击修改工具栏中的删除按钮""，删除上步阵列的对象 T_1、T_2，结果如图 8-91 所示。

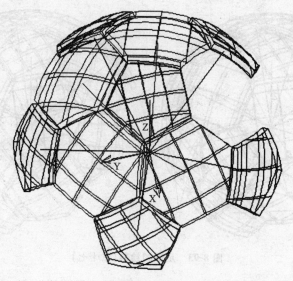

图 8-91 足球的绘制（三十五）

（32）单击"修改"→"三维操作"→"三维阵列"，选取五边形旁边的六边形和六边形中间的一根直线后回车，输入"P"，选择环形阵列，按回车键，输入阵列中的项目数目为 5，指定要填充的角度为 360 度。指定阵列的中心点为 0,0，指定第二点为 Z 点，按回车键退出命令，结果如图 8-92 所示。

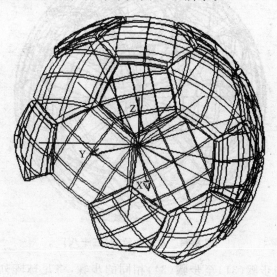

图 8-92 足球的绘制（三十六）

（33）单击修改工具栏中的删除按钮"✎"，删除上步阵列的对象 T_3，结果如图 8-93 所示。

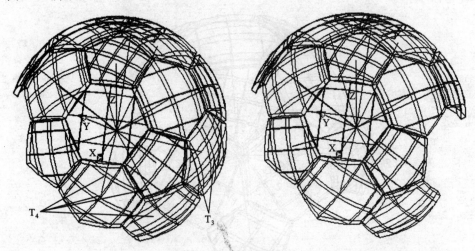

图 8-93　足球的绘制（三十七）

（34）单击修改工具栏中的阵列按钮"⊞"，选择环形阵列，选取对象 T_4，输入阵列中的项目数目为 5，指定要填充的角度为 360 度，按回车键退出命令，结果如图 8-94 所示。

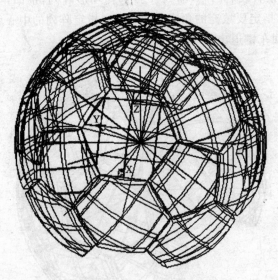

图 8-94　足球的绘制（三十八）

（35）执行与步骤（31）至步骤（34）相同的步骤，将足球阵列完毕，结果如图 8-95 所示。

图 8-95 足球的绘制（三十九）

知识点 1 球体

1. 功能

主要用于创建指定尺寸的三维实体球体。

2. 调用命令的方式

- 工具栏："建模"→"球体"
- 菜单命令："绘图"→"建模"→"球体"
- 键盘命令：Sphere

3. 操作步骤

执行球体命令后，命令行提示如下。

指定中心点或[三点(3P)/两点(2P)/切点、切点、半径(T)]：

4. 命令行中各选项的含义

（1）"指定中心点"：此为默认选项，通过指定球体的圆心和半径创建球体。

（2）"三点(3P)"：通过指定三个点来定义球体的圆周。

（3）"两点(2P)"：通过指定两个点来定义球体的圆周。

（4）"切点、切点、半径(T)"：定义具有指定半径，且与两个对象相切的球体。

知识点 2 旋转

1. 功能

通过绕轴旋转二维封闭的图形对象来创建三维实体或曲面。

2. 调用命令的方式

- 工具栏："建模"→"旋转"
- 菜单命令："绘图"→"建模"→"旋转"
- 键盘命令：Revolve

3. 操作步骤

执行旋转命令后,命令行提示如下。

当前线框密度:ISOLINES=(当前值)

选择要旋转的对象:(选定要旋转的对象后,按回车键)

指定轴起点或根据以下选项之一定义轴[对象(O)/X/Y/Z]:

4. 命令行中各选项的含义

(1)"指定轴起点" 此为默认选项,通过设定旋转轴的起点、终点和旋转角度来创建三维实体,如图 8-96(b)所示。

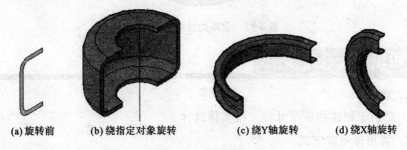

(a)旋转前　(b)绕指定对象旋转　　(c)绕Y轴旋转　　(d)绕X轴旋转

图 8-96　旋转实体

(2)"对象(O)" 设定已经存在的直线段作为旋转轴线,输入旋转角度来创建三维实体。

(3)"X/Y/Z" 将选定对象分别绕 X 轴、Y 轴或 Z 轴旋转指定角度来创建三维实体,如图 8-96(c)所示为绕 Y 轴旋转 180°后所得图形,如图 8-96(d)所示为绕 X 轴旋转 180°后所得图形。

知识点 3　三维镜像

1. 功能

通过指定镜像平面来镜像三维实体。

2. 调用命令的方式

- 菜单命令:"修改"→"三维操作"→"三维镜像"
- 键盘命令:Mirror3D

3. 操作步骤

执行命令后,命令行提示如下。

选择对象:(选中要镜像的三维实体对象后回车)

指定镜像平面(三点)的第一个点或[对象(O)/最近的(L)/Z 轴(Z)/视图(V)/XY 平面(XY)/YZ 平面(YZ)/ZX 平面(ZX)/三点(3)]:

4. 命令行中各选项的含义

(1)"指定镜像平面(三点)的第一个点" 用指定的三点确定镜像平面位置

后进行镜像。

（2）"对象（O）" 将指定对象所在平面作为镜像平面进行镜像。

（3）"最近的（L）" 将最后定义的镜像面作为镜像平面进行镜像。

（4）"Z轴（Z）" 通过在平面上指定一点和在平面的法线方向上指定另一点来确定镜像平面进行镜像。

（5）"视图（V）" 将当前视口的视图平面作为镜像平面进行镜像。

（6）"XY平面（XY）" 镜像平面将通过指定点且与当前用户坐标系的 XOY 平面平行。

（7）"YZ平面（YZ）" 镜像平面将通过指定点且与当前用户坐标系的 YOZ 平面平行。

（8）"ZX平面（ZX）" 镜像平面将通过指定点且与当前用户坐标系的 ZOX 平面平行。

（9）"三点（3）" 用指定的三点来确定镜像平面进行镜像。

图8-97所示为将半圆柱体镜像为整个圆柱体的过程，执行三维镜像命令后，命令行提示如下。

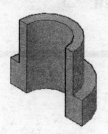 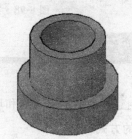

(a)实体镜像前　　　　(b)实体平行ZOX平面镜像后

图8-97　实体镜像

选择对象：(选中要镜像的三维实体对象后回车)

指定镜像平面（三点）的第一个点或[对象（O）/最近的（L）/Z轴（Z）/视图（V）/XY平面（XY）/YZ平面（YZ）/ZX平面（ZX）/三点（3）]：(输入ZX后回车)

指定ZX平面上的点：(指定点的坐标)

是否删除源对象？[是（Y）/否（N）]：(输入n后回车)

知识点4　三维旋转

1. 功能

将选定的三维实体以指定的基点绕指定的轴旋转指定的角度。

2. 调用命令的方式

• 菜单命令："修改"→"三维操作"→"三维旋转"

- 键盘命令：3DRotate

3. 操作步骤

执行命令后，命令行提示如下。

选择对象：(选中要旋转的三维实体对象后回车，如图 8-98 所示的长方体)

指定基点：(选中基本点，如图 8-98 所示长方体底面的角点)

拾取旋转轴：(指定旋转轴，如图 8-98 所示长方体底面的棱线)

指定角的起点或键入角度：(输入角度，如图 8-98 中输入 90°后回车)

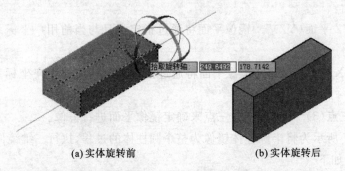

(a) 实体旋转前   (b) 实体旋转后

图 8-98　实体旋转

知识点 5　三维阵列

1. 功能

在三维空间创建对象的矩形阵列和环形阵列。

2. 调用命令的方式

- 菜单命令："修改"→"三维操作"→"三维阵列"
- 键盘命令：3DArray

3. 操作步骤

执行命令后，命令行提示如下。

选择对象：(选中要阵列的三维实体对象后回车)

输入阵列类型[矩形(R)/环形(P)]：

4. 命令行中各选项的含义

(1)"矩形阵列(R)"　在三维空间创建对象的矩形阵列，如图 8-99 所示，操作步骤如下。

选择对象：(选中图 8-99 所示圆孔后回车)

输入阵列类型[矩形(R)/环形(P)]：r(输入 r 后回车)

输入行数(---)<1>：2(输入 2 后回车)

输入列数(|||)<1>：2(输入 2 后回车)

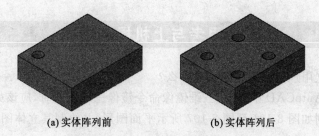

(a) 实体阵列前   (b) 实体阵列后

图 8-99 实体阵列

输入层数(…)<1>:1(输入 1 后回车)

指定行间距(---):-180(输入-180 后回车)

指定列间距(|||):200(输入 200 后回车)

(2)"环形阵列" 在三维空间创建对象的环形阵列,如图 8-100 所示,操作步骤如下。

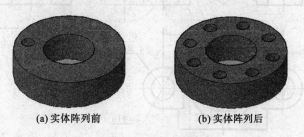

(a) 实体阵列前   (b) 实体阵列后

图 8-100 实体阵列

选择对象:(选中图 8-100 所示圆孔后回车)

输入阵列类型[矩形(R)/环形(P)]:p(输入 p 后回车)

输入阵列中的项目数目:6(输入 6 后回车)

指定要填充的角度(+＝逆时针,一＝顺时针)<360>:(回车)

旋转阵列对象?[是(Y)/否(N)]<Y>(回车)

指定阵列的中心点:(选择如图 8-100 所示圆柱体顶面的圆心后回车)

指定旋转轴上的第二点:(选择如图 8-100 所示圆柱体底面的圆心后回车)

项 目 总 结

本项目介绍了三维实体的绘制和编辑方法。三维实体的绘制方法包括三维视图显示、基本体的造型和通过二维图形创建三维实体等;编辑方法包括阵列、旋转、剖切、镜像等。通过本项目的学习,可熟练掌握绘制和编辑三维实体的方法。

思考与上机操作

(1) 建立用户坐标系的意义是什么?

(2) 在 AutoCAD 中,使用三维镜像命令镜像三维对象时,应该如何操作?

(3) 绘制如图 8-101 至图 8-107 所示平面图形,并绘制其立体图。

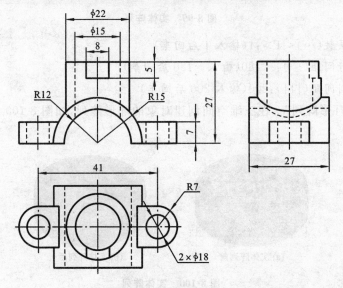

图 8-101　平面图形(一)

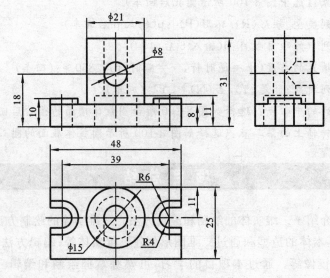

图 8-102　平面图形(二)

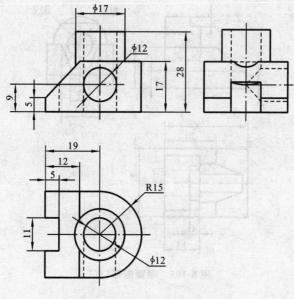

图 8-103 平面图形(三)

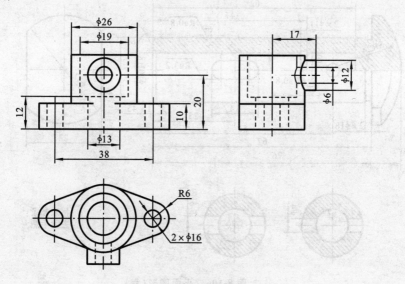

图 8-104 平面图形(四)

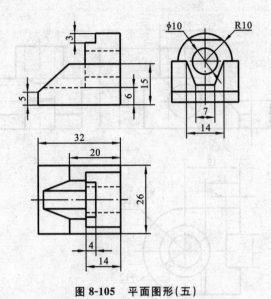

图 8-105　平面图形（五）

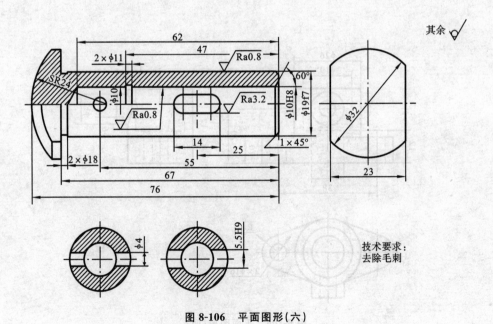

图 8-106　平面图形（六）

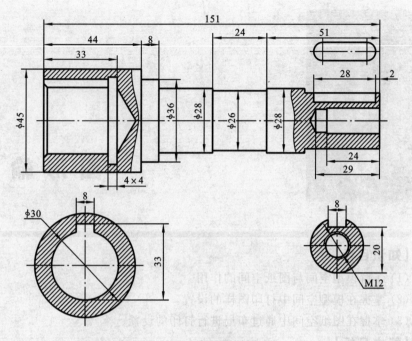

图 8-107 平面图形(七)

237

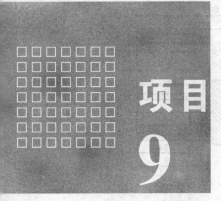

项目 9

图形输出

【知识目标】

（1）了解模型空间与图纸空间的作用。

（2）掌握在模型空间中打印图样的设置。

（3）掌握在图纸空间中通过布局进行打印的设置。

【能力目标】

（1）能在模型空间中打印图纸。

（2）能在图纸空间中通过布局打印图纸。

任务 1　在模型空间打印图纸

本任务以打印如图 9-1 所示零件图为例，介绍模型空间与图纸空间、打印设置等知识。

操作步骤如下。

（1）在模型空间绘制轴承座的三视图，如图 9-1 所示。

（2）在模型空间中进行打印设置，操作步骤如下。

① 单击"标准"→"打印"按钮，系统弹出"打印-模型"对话框。

② 在"打印机/绘图仪"区的"名称"下拉列表中选择打印机，如果计算机已安装有打印机，则选已安装的打印机；如未安装，则选虚拟打印机。

③ 在"图纸尺寸"区中选择图纸尺寸，本例选择"ISO A4"（297×210）尺寸。

④ 在"打印区域"区的"打印范围"下拉列表中选择"窗口"，系统切换到绘图窗口，选择图形的左上角点和右下角点以确定要打印的图纸范围。

⑤ 在"打印比例"区选择打印比例为 1∶1。

⑥ 在"打印偏移"区选择"居中打印"。

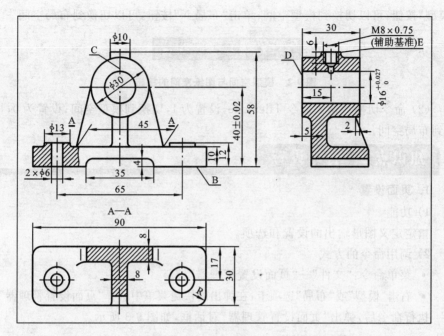

图 9-1　轴承座

⑦ 在"图纸方向"区选择"横向"。

⑧ 单击"预览"，如符合要求，则在预览图中右击，弹出菜单，选择"打印"；若不符合要求，则选择"退出"，返回对话框，重新设置参数。

知识点 1　模型空间与图纸空间

在 AutoCAD 中有两个工作空间，分别是模型空间和图纸空间。通常在模型空间是以 1：1 的比例进行设计绘图。为了与其他设计人员交流或进行产品加工，需要输出图样，这就要求对图纸空间进行排版，即规划视图的位置与大小，将不同比例的视图安排在一张图纸上，并对它们标注尺寸，给图样加上图框、标题栏、文字注释等内容，然后打印输出。

1. 模型空间

模型空间是完成绘图和设计工作的空间，它可以进行二维图形的绘制和三维实体的造型，因此在使用 AutoCAD 时，首选工作空间应是模型空间。

2. 图纸空间

图纸空间是设置和管理视图的工作空间，在图纸空间中视图被作为对象来看待，以展示模型不同部分的视图，每个视口中的视图可独立编辑，画成不同比例。

3. 模型空间与图纸空间的切换

模型空间与图纸空间可以自由切换，切换方式有以下两种。

（1）按钮切换　使用模型和布局选项卡按钮进行切换，如图 9-2 所示，单击

"模型"按钮,可以切换到模型空间;单击"布局 N"按钮,可以切换到布局空间。

图 9-2 模型空间与图纸空间的按钮

(2)命令切换 输入命令 Tilemode,设置为 1,切换到模型空间;设置为 0,切换到布局空间。

知识点 2 打印设置

1. 页面设置

1)功能

指定定义图形输出的设置和选项。

2)调用命令的方式

• 菜单命令:"文件"→"页面设置管理器"

• 右击"模型"或"布局"选项卡,在弹出的快捷菜单中选择"页面设置管理器"

执行命令后,弹出"页面设置管理器"对话框,如图 9-3 所示。

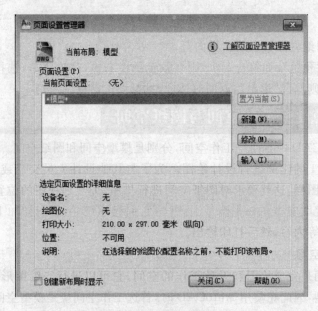

图 9-3 "页面设置管理器"对话框

3)对话框中各选项的含义

(1)"新建" 单击此按钮,打开"新建页面设置"对话框,如图 9-4 所示。

(2)"修改" 单击修改按钮,打开"页面设置"对话框,如图 9-5 所示。

(3)"打印偏移" 如果图形位置偏向一侧,则可以通过输入 X、Y 的偏移量,将图形调整到正确位置,如图 9-6 所示。

图 9-4 "新建页面设置"对话框

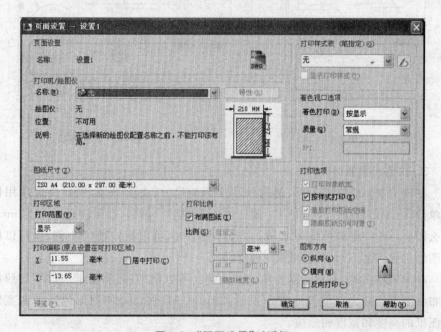

图 9-5 "页面设置"对话框

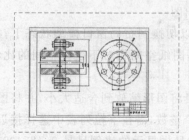

(a) 图形发生偏移

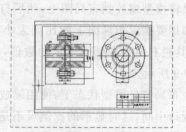

(b) 调整偏移后的效果

图 9-6 图形打印位置调整

2. 视口调整

创建好布局图,并完成页面设置后,就可以对布局图上图形对象的位置和大小进行调整和布置。

布局图中存在三个边界,最外边是图纸边界,虚线线框是打印边界,图形对象四周的线框是视口边界,如图 9-7 所示。在打印时,虚线不会被打印出来,但视口边界被作为图形对象打印。可以利用夹点拉伸调整视口的位置,如图 9-8 所示,单击视口边界,四个角上出现夹点,用鼠标拖动某个夹点到指定位置,视口大小即发生变化。

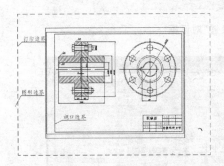

图 9-7　布局图的组成

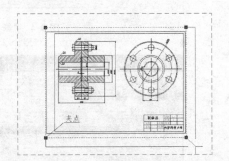

图 9-8　调整视口边界

3. 比例尺设置

在模型空间绘制对象时,通常使用实际的尺寸,也就是说,用户决定使用何种单位(in、mm 或 m),并按 1∶1 的比例绘制图形。例如,如果测量单位为 mm,那么图形中的一个单位代表 1 mm。打印图形时,可以指定精确比例,也可以根据图纸尺寸调整图形,按图纸尺寸缩放图形。

在审阅草图时,通常不需要精确的比例。可以使用"布满图纸"选项,按照能够布满图纸的最大可能尺寸打印视图。AutoCAD 将自动使图形的高度和宽度与图纸的高度和宽度相适应。

在模型空间中,始终是按照 1∶1 的实际尺寸绘制图形,在要出图时,才按照比例尺将模型缩放到布局图上,然后打印出图。

如果要确定布局图上的比例大小,可以切换到布局窗口模型状态下,在"视口"工具栏右侧文本框中显示的数值,就是图纸空间相对于模型空间的比例尺,如图 9-9 所示。

在布局窗口模型状态下,使用缩放工具将图形缩放到合适大小,并将图形平移到视口中间,这时显示的比例尺不是一个整数,需在下拉列表中选择接近该值的整数比例尺数值。例如,在图 9-9 中,工具栏显示的比例尺是 0.483409,在该文本框中输入 0.5,就是按 1∶2 的比例出图,回车确认即可,图形的大小会根据该数值自动调整,如图 9-10 所示。

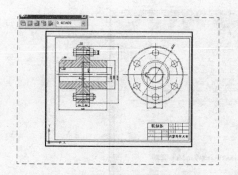

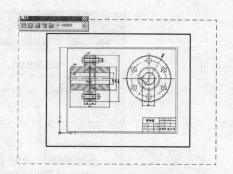

图 9-9 确定视口中图形的比例   图 9-10 调整比例后视口的图形

4. 图纸尺寸设置

在工作空间中,选择功能区面板的"打印"选项卡,再在"打印"功能面板(见图 9-11)中单击"管理绘图仪"按钮,可打开"绘图仪管理器"窗口,如图 9-12 所示。双击要更改配置的 PC3文件,打开"绘图仪配置编辑器"对话框,如图 9-13 所示。选择"设备和文档设置"选项卡中的"用户定义图纸尺寸与校准"下的"自定义图纸尺寸",此时出现如

图 9-11 "打印"功能面板

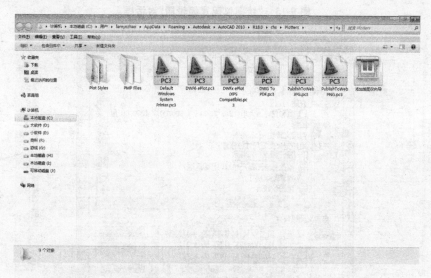

图 9-12 "绘图仪管理器"窗口

图 9-14 所示的"自定义图纸尺寸"选项区。

在"自定义图纸尺寸"选项区中单击"添加"按钮,打开"自定义图纸尺寸-图纸尺寸名"对话框,如图 9-15 所示,在此对话框中选中"创建新图纸"单选按钮,单击"下一步"按钮,打开"自定义图纸尺寸-介质边界"对话框,如图 9-16 所示。

在"自定义图纸尺寸-介质边界"对话框中,可根据需要设置图纸的宽度、高度

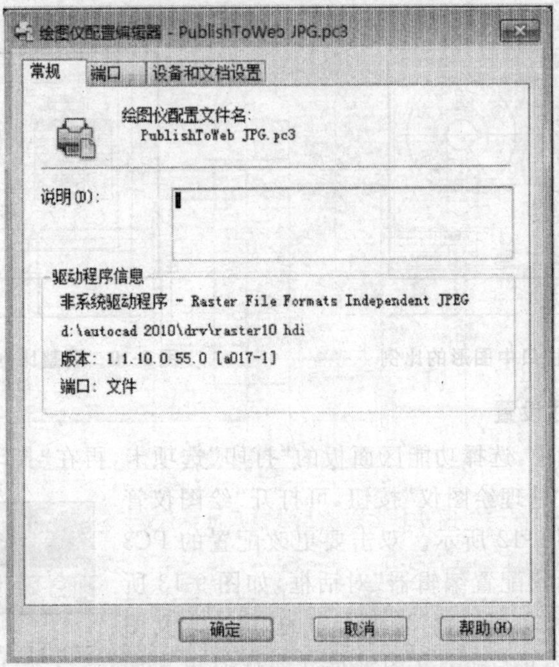

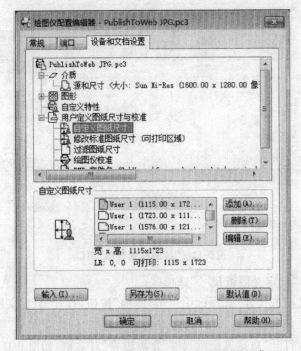

图 9-13 "绘图仪配置编辑器"对话框

图 9-14 "自定义图纸尺寸"选项区

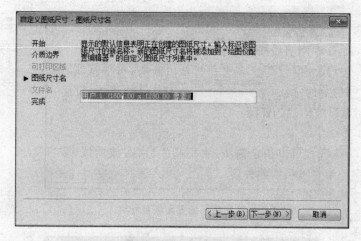

图 9-15 自定义图纸尺寸

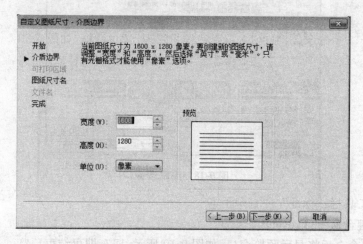

图 9-16 设置介质边界

和单位,单击"下一步"按钮,可打开"自定义图纸尺寸-图纸尺寸名"对话框,如图 9-17 所示。在文本框中可输入图纸尺寸的新名称,单击"下一步"按钮,可打开 "自定义图纸尺寸-完成"对话框,如图 9-18 所示。单击"完成"按钮,可在"绘图仪 配置编辑器"对话框中选择并应用新定义的图纸尺寸。如果将 PAPERUPDATE 系统变量设置为 0,并且当选定的绘图仪不支持布局中现有的图纸尺寸时,将出 现提示;如果将 PAPERUPDATE 系统变量设置为 1,图纸尺寸将自动更新以反 映选定绘图仪的默认图纸尺寸。

5. 打印预览

在进行打印之前,要预览一下打印的图形,以便检查设置是否完全正确,图 形布置是否合理。调用命令的方式如下。

• 菜单命令:"文件"→"打印预览"

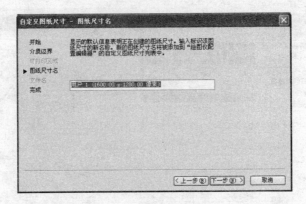

图 9-17　设置图纸尺寸名

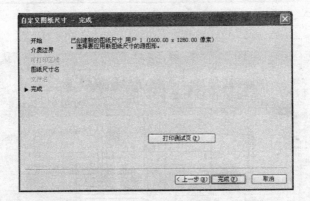

图 9-18　完成设置

- 工具栏:"标准"→"打印预览"
- 键盘命令:Preview

执行命令后将显示预览窗口,如图 9-19 所示,回车即可结束预览。

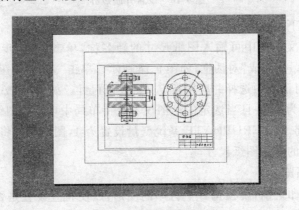

图 9-19　打印预览窗口

知识点3 在模型空间打印图样

有的图形在模型空间中能够完整创建图形,并对图形进行注释,那么就可以直接在模型空间中进行打印。

1. 调用命令的方式

- 工具栏:"标准"→"打印"
- 菜单命令:"文件"→"打印"
- 键盘命令:Plot

在模型空间执行命令后,系统弹出"打印-模型"对话框,如图9-20所示。

2. 对话框中各选项的含义

(1)"页面设置"区:列出图形中已命名或已保存的页面设置。

(2)"打印机/绘图仪"区:打印时使用已配置的打印设备。

(3)"图纸尺寸"区:显示所选打印设备可用的标准图纸尺寸。

(4)"打印区域"区:用于设置布局的打印区域。

(5)"打印偏移"区:指定打印区域相对于可打印区域左下角或图纸边界的偏移。

(6)"打印比例"区:用于设置打印比例。

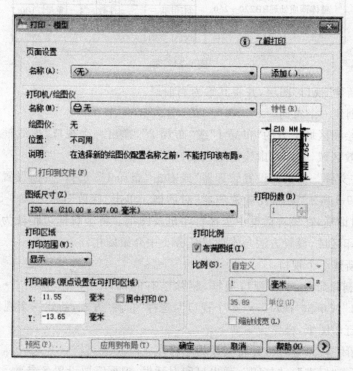

图9-20 "打印-模型"对话框

任务 2　在图纸空间打印图样

本任务以输出如图 9-21 所示的零件图为例,介绍在"图纸空间打印图样"的操作。操作步骤如下。

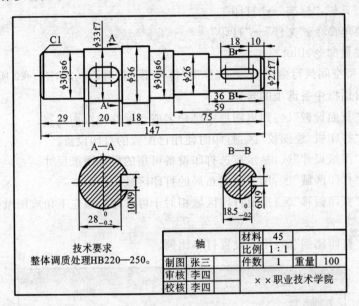

图 9-21　轴

(1) 新建"视口"图层,并将其置为当前层。

(2) 创建一个布局。

单击绘图区域下方的"布局 1"或"布局 2",弹出一个视口,虚线框内为图形打印的有效区域,打印时虚线框不会被打印。

单击"文件"→"页面设置管理器"或右击"布局 1",选择"页面设置管理器",弹出如图 9-3 所示"页面设置管理器"对话框。单击"修改",打开图 9-5 所示"页面设置"对话框,在该对话框中选择打印机及图纸。将虚线框边距设为"0",以增大有效打印区域,设置方法与本项目任务 1 中介绍的相同。

(3) 新建一个视口。

调用删除命令,单击视口边框,删除已有的视口。单击"视图"→"视口"→"一个视口"或单击"视口"→"单个视口",选择"布满"方式,新建一个视口。

(4) 打印图纸,操作步骤如下。

① 关闭"视口"图层,并将其设为不打印状态。

② 单击"标准"→"打印",弹出打印对话框,根据需要设置各参数。

③ 单击"预览",在屏幕上对图样进行预览,如符合要求,则开始打印;否则返

回重新调整设置。

知识点 1 在图纸空间打印图样

图纸空间可完全模拟图样界面,用于在绘图之前或之后安排图形的输出布局。通常情况下,在图样输出之前都需要在图纸空间中对图样进行适当处理,这样可以在一张图样上输出图形的多个视图。

1. 调用命令的方式

- 工具栏:"标准"→"打印"
- 菜单命令:"文件"→"打印"
- 键盘命令:Plot

在图纸空间执行命令后,系统弹出"打印-布局1"对话框,如图9-22所示。

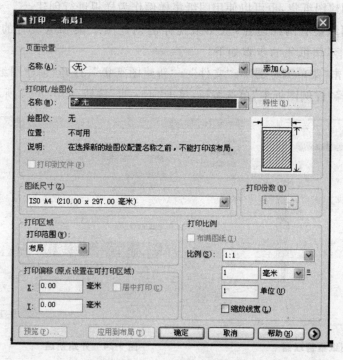

图9-22 "打印-布局1"对话框

2. 对话框中各选项的含义

(1)"页面设置"区 列出图形中已命名或已保存的页面设置。

(2)"打印机/绘图仪"区 打印时使用已配置的打印设备。

(3)"图纸尺寸"区 显示所选打印设备可用的标准图纸尺寸。

(4)"打印区域"区 用于设置布局的打印区域。

(5)"打印偏移"区 指定打印区域相对于可打印区域左下角或图纸边界的

偏移。

(6)"打印比例"区　用于设置打印比例。

任务 3　图纸集管理

知识点 1　创建图纸集

如果用户经常需要在不同的打印设备上打印不同尺寸的图纸,则可以使用图纸集管理器,为常用的打印系统配置不同的打印机设置,然后通过快捷菜单调出这些设置,如图 9-23 所示。

可以使用"创建图纸集"向导来创建图纸集;创建时,既可以基于现有的图形从头开始创建图纸集,也可以使用图纸集样例作为样板进行创建。

创建图纸集有两种途径:从图纸集样例创建图纸集和从现有的图形创建图纸集。创建图纸集的步骤如下。

(1)单击"菜单浏览器"→"文件"→"新建图纸集",打开"创建图纸集-开始"对话框,选择"样例图纸集"单选按钮,单击"下一步"按钮,如图 9-24 所示。

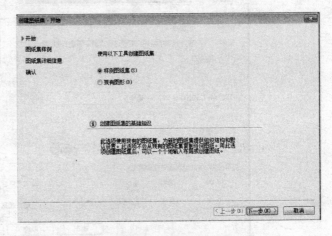

图 9-23　图纸集管理器　　　　　　　　图 9-24　开始创建

(2)在"创建图纸集-图纸集样例"对话框的图纸集列表中选择一个图纸集样例,单击"下一步"按钮,如图 9-25 所示。在"创建图纸集-图纸集详细信息"对话框中,显示了当前所创建图纸集的名称、相关说明和存储路径信息,如图 9-26 所示,可根据需要更改名称及存储路径,单击"下一步"按钮。

(3)在"创建图纸集-确认"对话框中列出了新建图纸集的所有相关信息,如图 9-27 所示,单击"完成"按钮,完成图纸集的创建。

图 9-25　选择图纸集样例

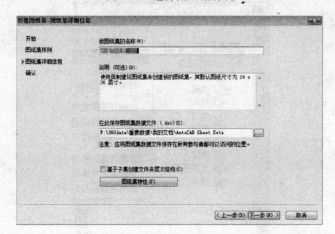

图 9-26　"创建图纸集-图纸集详细信息"对话框

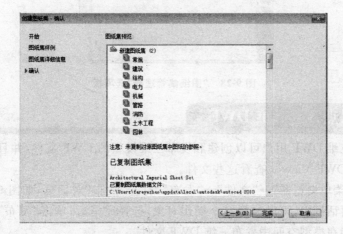

图 9-27　"创建图纸集-确认"对话框

知识点 2　发布图纸集

通过图纸集管理器可以轻松地发布整个图纸集、图纸集子集或单张图纸。在图纸集管理器中发布图纸集比使用"发布"对话框发布图纸集更快捷。从图纸集管理器中发布时,既可以发布电子图纸集(发布至 DWF 或 DWFx 文件),也可以发布图纸集(发布至与每张图纸相关联的页面设置中指定的绘图仪)。

在 AutoCAD 2010 工作空间中发布图纸集时,单击"菜单浏览器"→"工具"→"选项板"→"图纸集管理器",打开"图纸集管理器"选项板,如图 9-28 所示。在该选项板的"图纸选项卡"下选择图纸集、子集或图纸,再在"图纸集管理器"选项板的右上角单击"发布"按钮,弹出快捷菜单,选择所需的发布方式进行发布即可。

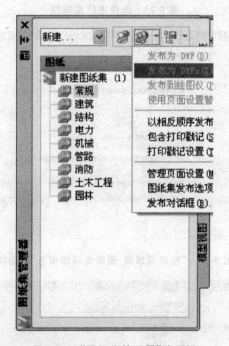

图 9-28　"图纸集管理器"选项板

知识点 3　三维 DWF

使用三维 DWF 用户可以创建和发布三维模型的 DWF 文件,并且可以使用 Autodesk DWF Viewer 查看这些文件。

单击"菜单浏览器"→"文件"→"发布",打开"发布"对话框,如图 9-29 所示。在"发布"对话框中,可以选择多个操作对象,选择完毕后,单击"发布"按钮即可发布。只能在模型空间中发布三维 DWF 文件。

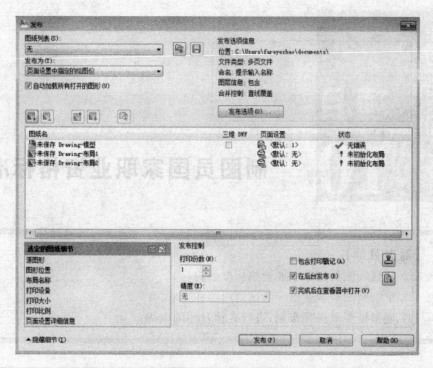

图 9-29 "发布"对话框

项 目 总 结

本项目主要讲述图形的输出设置,用户可在图形绘制完成之后对其进行输出,特别是将三维图形以二维三视图的形式输出,以方便查阅。图形输出格式的设置需针对具体要求来确定,即是将图形打印成为纸质文档、电子文档还是发布到 Internet。

思考与上机操作

(1)在 AutoCAD 2010 中,图纸空间与模型空间有哪些主要区别？它们之间如何切换？

(2)在模型空间打印输出如图 6-54 所示的零件图。

项目 10 制图员国家职业资格标准

【能力目标】

(1) 掌握制图员国家职业资格标准的内容。

(2) 掌握制图员职业鉴定考试的内容和要求。

(3) 能根据要求选择级别,进行有针对性的训练。

任务1 制图员国家职业资格标准

知识点1 制图员国家职业资格认证的意义

制图员的准确定义是使用绘图仪器、设备,根据工程或产品的设计方案、草图和技术性说明,绘制其正图、底图及其他技术图样的人员。在高等职业教育"以就业为导向"的今天,"机械制图与应用"课程的学习无疑是为学生参加制图员国家职业资格认证考试创造了条件。在越来越多的企业,持证上岗已经成为了趋势。目前,最新的《制图员国家职业标准》是 2002 年 2 月 11 日起施行的标准,它也是制图员国家职业资格认证的依据。

制图员职业资格共分为以下四个等级:

(1) 初级(国家职业资格五级);

(2) 中级(国家职业资格四级);

(3) 高级(国家职业资格三级);

(4) 技师(国家职业资格二级)。

对于高等职业院校的学生而言,中级是基本,高级是拓展。

知识点2 制图员国家职业资格认证的方式

制图员国家职业资格认证采取职业资格鉴定考试的方式,分为理论知识考试和技能操作考核。理论知识考试采用闭卷笔试方式;技能操作考核采用现场实际操作方式。理论知识考试和技能操作考核均实行百分制,成绩皆达 60 分以上者为合格。技师资格的鉴定还须进行综合评审。

知识点3　制图员国家职业资格标准的内容(机械类)

1. 制图员基本要求

1) 职业道德

忠于职守,爱岗敬业。

讲究质量,注重信誉。

积极进取,团结协作。

遵纪守法,讲究公德。

2) 基础知识

(1) 制图的基本知识　国家标准制图的基本知识;绘图仪器及工具的使用与维护知识。

(2) 计算机绘图的基本知识　计算机绘图系统硬件的构成原理;计算机绘图的软件类型。

(3) 专业图样的基础知识。

(4) 相关法律、法规知识。

2. 制图员工作要求

本标准对初级、中级、高级和技师的技能要求依次递进,高级别包括低级别的要求,如表 10-1、表 10-2、表 10-3、表 10-4 所示。

表 10-1　初级制图员工作要求

职业功能	工作内容	技 能 要 求	相 关 知 识
绘制二维图	描图	能描绘墨线图	描图的知识
	手工绘图	(1)能绘制螺纹连接的装配图; (2)能绘制和阅读轴类零件图; (3)能绘制和阅读盘盖类零件图	(1)几何绘图知识; (2)三视图投影知识; (3)绘制视图、剖视图、断面图的知识; (4)尺寸标注的知识; (5)专业图的知识
	计算机绘图	(1)能使用一种软件绘制简单的二维图形并标注尺寸; (2)能使用打印机或绘图仪输出图样	(1)调出图框、标题栏的知识; (2)绘制直线、曲线的知识; (3)曲线编辑的知识; (4)文字标注的知识

续表

职业功能	工作内容	技 能 要 求	相 关 知 识
绘制三维图	描图	能描绘正等轴测图	绘制正等轴测图的基本知识
图档管理	图纸折叠	能按要求折叠图纸	折叠图纸的要求
	图纸装订	能按要求将图纸装订成册	装订图纸的要求

表 10-2　中级制图员工作要求

职业功能	工作内容	技 能 要 求	相 关 知 识
绘制二维图	手工绘图	(1)能绘制螺纹连接的装配图； (2)能绘制和阅读支架类零件图； (3)能绘制和阅读箱体类零件图	(1)截交线的绘图知识； (2)绘制相贯线的知识； (3)一次变换投影面的知识； (4)组合体的知识
	计算机绘图	能绘制简单的二维专业图形	(1)图层设置的知识； (2)工程标注的知识； (3)调用图符的知识； (4)属性查询的知识
绘制三维图	描图	(1)能够描绘斜二测图； (2)能够描绘正二测图	(1)绘制斜二测图的知识； (2)绘制正二测图的知识
	手工绘制轴测图	(1)能绘制正等轴测图； (2)能绘制正等轴测剖视图	(1)绘制正等轴测图的知识； (2)绘制正等轴测剖视图的知识
图档管理	软件管理	能使用软件对成套图纸进行管理	管理软件的使用知识

表 10-3　高级制图员工作要求

职业功能	工作内容	技 能 要 求	相 关 知 识
绘制二维图	手工绘图	(1)能绘制各种标准件和常用件； (2)能绘制和阅读不少于 15 个零件的装配图	(1)变换投影面的知识； (2)绘制两回转体轴线垂直交叉相贯线的知识
	手工绘制草图	能绘制箱体类零件草图	(1)测量工具的使用知识； (2)绘制专业示意图的知识
	计算机绘图	(1)能根据零件图绘制装配图； (2)能根据装配图拆画零件图	(1)图块制作和调用的知识； (2)图库的使用知识； (3)属性修改的知识

续表

职业功能	工作内容	技 能 要 求	相 关 知 识
绘制三维图	手工绘制轴测图	(1)能绘制轴测图; (2)能绘制轴测剖视图	(1)手工绘制轴测图的知识; (2)手工绘制轴测剖视图的知识
图档管理	图纸归档管理	能对成套图纸进行分类、编号	专业图档的管理知识

表 10-4 技师制图员工作要求

职业功能	工作内容	技 能 要 求	相 关 知 识
绘制二维图	手工绘制专业图	能绘制和阅读各种机械图	机械图样或建筑施工图样的知识
	手工绘制展开图	(1)能绘制变形接头的展开图; (2)能绘制等径弯管的展开图	绘制展开图的知识
绘制三维图	手工绘图	能润饰轴测图	(1)润饰轴测图的知识; (2)透视图的知识; (3)阴影的知识
	计算机绘图	能根据二维图创建三维模型 (1)能创建各种零件的三维模型; (2)能创建装配体的三维模型; (3)能创建装配体的三维分解模型; (4)能将三维模型转化为二维工程图; (5)能创建曲面的三维模型; (6)能渲染三维模型	(1)创建三维模型的知识; (2)渲染三维模型的知识
转换不同标准体系的图样	第一角和第三角投影图的相互转换	能对第三角表示法和第一角表示法做相互转换	第三角投影法的知识
指导与培训	业务培训	(1)能指导初、中、高级制图员的工作,并进行业务培训; (2)能编写初、中、高级制图员的培训教材	(1)制图员培训的知识; (2)教材编写的常识

3. 比重表

（1）理论知识（见表 10-5）。

表 10-5　理论知识

项	目		初级/（%）	中级/（%）	高级/（%）	技师/（%）
基本要求	职业道德		5	5	5	5
	基础知识		25	15	15	15
相关知识	绘制二维图	描图	5	—	—	—
		手工绘图	40	30	30	5
		计算机绘图	5	5	5	—
		手工绘制草图	—	—	—	10
		手工绘制专业图	10	15	15	15
		手工绘制展开图	—	—	—	10
	绘制三维图	描图	5	5	—	—
		手工绘制轴测图	—	20	15	5
		手工绘图	—	—	—	25
		计算机绘图	—	—	—	10
	图档管理	图纸折叠	3	—	—	—
		图纸装订	2	—	—	—
		软件管理	—	5	—	—
		图纸归档管理	—	—	5	—
	转换不同标准体系的图样	第一角和第三角投影图的相互转换	—	—	—	5
	指导与培训	业务培训	—	—	—	5
合计			100	100	100	100

（2）技能操作（见表 10-6）。

表 10-6　技能操作

项	目		初级/（%）	中级/（%）	高级/（%）	技师/（%）
技能要求	绘制二维图	描图	5	—	—	—
		手工绘图	22	20	15	—
		计算机绘图	55	55	60	—
		手工绘制草图	—	—	15	—
		手工绘制专业图	—	—	—	25
		手工绘制展开图	—	—	—	20

续表

项 目			初级/(%)	中级/(%)	高级/(%)	技师/(%)
技能要求	绘制三维图	描图	13	5	—	—
		手工绘制轴测图	—	15	5	—
		手工绘图	—	—	—	5
		计算机绘图	—	—	—	35
	图档管理	图纸折叠	3	—	—	—
		图纸装订	2	—	—	—
		软件管理	—	5	—	—
		图纸归档管理	—	—	5	—
	转换不同标准体系的图样	第一角和第三角投影图的相互转换	—	—	—	10
	指导与培训	业务培训				5
合计			100	100	100	100

知识点4 制图员职业鉴定考试范围与要求

1. 机械类初级制图员

新的《制图员国家职业标准》的特点是以职业技能为导向,以职业活动为核心,这就决定了制图员职业技能鉴定中所有工作都要首先确定本职业、本级别的职业技能要求。

1) 初级制图员的技能要求

《制图员国家职业标准》对初级制图员的技能要求如表10-1所示。

2) 相关知识的掌握

要达到初级制图员以上的操作能力,需要掌握以下相关知识。

(1) 基本要求的有关知识。

(2) 描绘墨线图的基本知识。

(3) 三视图投影的知识。

(4) 机件表达方法的知识。

(5) 尺寸标注的知识。

(6) 螺纹的基本知识。

(7) 阅读零件图的知识。

(8) 描绘正等轴测图的基本知识。

(9) 计算机绘图的知识。

(10) 图档管理的知识。

3）具体要求

《制图员国家职业标准》对初级制图员的具体要求如下。

（1）基本要求主要包括掌握制图国家标准和投影法的基本知识、绘图仪器的使用等。即掌握国家标准中有关制图的一般规定,含图幅、比例、字体、图线、尺寸标注等基本知识;掌握投影法的基本知识,即中心投影、平行投影、斜投影、正投影等概念。

（2）描图工具。包括鸭嘴笔、针管笔,描图的一般程序,描图的修改方法等。

（3）物体三视图。投影规律必须非常熟悉,它是画图和看图的基础,以读图为主(补线或补图)。

（4）视图、剖视图、断面图等的绘制。如在组合体的表达和零件图的表达中都会用到各种视图、剖视图和断面图等。能由组合体立体图画三视图,并作全剖视或半剖视图。

（5）尺寸标注。包括平面图形或三视图的尺寸标注,主要是平面图形的尺寸标注。掌握尺寸标注在国家标准中的规定,如:尺寸数字的方向、位置,圆、圆弧、球等尺寸的标注,重复要素尺寸的标注等。

（6）螺纹画法。包括内螺纹的画法、外螺纹的画法及内、外螺纹拧在一起的规定画法,并认识结构要素及其标注。

（7）阅读零件图(轴类和盘盖类)。

① 轴类零件图视图数量及结构 表达轴类零件的视图数量不少于 2 个(如一个基本视图和一个断面图)。从结构上来说,轴段数不少于 3 段,其上带有键槽、螺纹小孔或小槽等,此外,还应包含常见的倒角、退刀槽、中心孔等工艺结构。

② 盘盖类零件图视图数量和结构 表达盘盖类零件的基本视图不少于 2个。从结构上来说,不少于两个基本形体同轴线的组合,并带有常见的通孔、连接孔、凸台或凹坑等结构,此外,也有常见的工艺结构。

③ 零件图中的标注内容应包含以下三部分。

a.尺寸:数量不少于 15 个。

b.表面粗糙度:数量不少于 4 个,等级不少于 3 级,认识和解释表面粗糙度符号的含义、参数值等级的含义。

c.尺寸公差:数量不少于 2 个,认识和解释尺寸公差标注的含义。

（8）正等轴测图的基本特性。包括轴间角、轴向变形系数等,了解描绘正等轴测图应注意的问题。

（9）图档管理。包括图样复制方法、折叠图纸的基本要求、图纸折叠的方法和图纸装订的方法。

计算机绘图知识将在操作技能中进行全面考核,在所有理论知识试题中不再涉及。

4）考题形式

考题的具体形式参见本项目任务 2 中的样题,主要包括以下方面内容。

（1）基本要求、描图、正等轴测图、图档管理以填空为主。

（2）平面图形标注尺寸。

（3）投影图：补图、补线，标注尺寸，画剖视图。

（4）螺纹：找出已知图中的错误，在指定位置画出正确的图形。

（5）阅读零件图：①读懂视图、想象出其形状，按指定要求画出1～2个图形；②针对图中的各项内容，完成部分填空题。

2. 机械类中级制图员

1）中级制图员的技能要求

《制图员国家职业标准》对中级制图员的技能要求如表10-2所示。

2）相关知识的掌握

要达到中级制图员以上的操作能力，需要掌握以下相关知识。

（1）基本要求的有关知识。

（2）一次变换投影面的知识。

（3）截交线、相贯线的知识。

（4）组合体三视图及其机件表达方法的知识。

（5）螺纹连接规定画法的知识。

（6）尺寸标注的知识。

（7）技术要求的知识：表面粗糙度、尺寸公差、形位公差。

（8）阅读零件图的知识。

（9）绘制正等轴测图的基本知识。

（10）正二测图、斜二测图的基本知识。

（11）图档管理的知识。

（12）计算机绘图的知识。

3）具体要求

《制图员国家职业标准》对中级制图员的具体要求如下。

（1）基本要求。主要包括掌握制图国家标准和投影法的基本知识、绘图仪器的使用等。即掌握国家标准中有关制图的一般规定，含图幅、比例、字体、图线、尺寸标注的基本知识；以及绘图仪器，含铅笔、丁字尺、三角板、圆规等的用法；掌握投影法的基本知识，包括中心投影的概念、平行投影、斜投影、正投影的概念及投影法的应用。

（2）一次变换投影面的知识。一般要求能结合实际物体，绘制物体倾斜部分的斜视图或斜剖视图，以及立体被垂直面截切后，能进行一次变换求实形。

（3）截交线和相贯线。掌握圆柱体被平行位置平面截切后截交线的绘制，以及轴线正交的圆柱体、圆锥体相交，圆柱体或圆锥体与球相交（轴线过球心）的相贯线的绘制。组合形体数量在3个以下。

（4）已知组合体的两个视图，画出第三视图，并作全剖视图或半剖视图。物体比初级稍复杂。

(5) 螺纹连接装配图的画法(包括螺栓、螺柱、螺钉连接)。考试形式分为：①补充完整螺纹连接装配图中所缺的图形；②指出螺纹连接装配图中的错误，在指定位置画出正确的图形。需掌握螺纹的规定画法和三种连接装配图的结构、特点。

(6) 尺寸标注。给出一个轴或盘的一组视图，标注全尺寸和表面粗糙度。对零件图中尺寸标注的要求要掌握清楚，做到正确、完整、清晰、合理；掌握工艺结构的标注方法，如倒角、退刀槽、铸造圆角及均布的孔等。另外，应清楚表面粗糙度在图中的标注规定。

(7) 阅读零件图(支架类或箱体类)。

① 支架类零件的要求。基本视图的数量不少于 3 个，其结构应含有固定用底板、支承结构和肋板三大部分，并常有螺孔、凸台或凹坑，铸造圆角等工艺结构。

② 箱体类零件的要求。视图数量和结构：基本视图不少于 3 个。结构：主体是箱体和底板，体内有空腔，底板上有连接孔和定位孔、凸台或凹坑、螺孔、铸造圆角等工艺结构(应属于中等难度的箱体零件图)。

③ 标注内容。尺寸不少于 20 个，表面粗糙度不少于 5 处，等级不少于 4 级，尺寸公差不少于 3 处，形位公差 1 处以上。

(8) 三维图的绘制。绘制平面立体的正等轴测图，掌握正等轴测图的基本特性(已知二维图、绘制三维图)。

(9) 正二测图、斜二测图的基本知识。包括轴间角、变形系数及平面体的绘制(正二测图)，一个平面有圆的立体的绘制(斜二测图)。

(10) 图档管理知识。主要是指图档管理的常识。

4) 考题形式

考题的具体形式参见本项目任务 2 中的样题，主要包括以下方面内容。

(1) 基本要求、描图、图档管理以填空为主。

(2) 投影图：三视图补图、补线，绘制剖视图，截交线、相贯线的绘制。

(3) 螺纹：找出已知图中的错误，在指定位置画出正确的图形。

(4) 阅读零件图：①读懂视图、想象出其形状，按指定要求画出 1~2 个图形；②针对图中的各项内容，完成部分填空题。

3. 机械类高级制图员

1) 高级制图员的技能要求

《制图员国家职业标准》对高级制图员的技能要求如表 10-3 所示。

2) 相关知识的掌握

要达到高级制图员以上的操作能力，需要掌握以下相关知识。

(1) 基本要求的知识。

(2) 截交线、相贯线的知识。

(3) 三视图的投影规律及尺寸标注。

(4) 视图及表达方法。

（5）标准件、常用件的分类、画图方法及标注的知识。

（6）零件图草图的知识。

（7）装配图的知识。

（8）轴测图的知识。

（9）图档归档管理的知识。

（10）计算机绘图的知识。

3）具体要求

《制图员国家职业标准》对高级制图员的具体要求如下。

（1）基本要求。主要包括掌握制图国家标准和投影法的基本知识、绘图仪器的使用等。即掌握国家标准中有关制图的一般规定,含图幅、比例、字体、图线、尺寸标注的基本知识,这些知识在高级制图员考试中需要记忆一些具体的数字;掌握绘图仪器,含铅笔、丁字尺、三角板、圆规等的用法;掌握投影法的基本知识,包括中心投影的概念、平行投影、斜投影、正投影的概念及投影法的应用。

（2）截交线和相贯线。掌握用特殊位置平面(垂直面和平行面)截切圆柱体、圆锥体的截交线的求法,掌握用平行面截切球的截交线的求法。掌握轴线正交的圆柱体、圆锥体相交,圆柱体或圆锥体与球相交(轴线过球心)的相贯线的绘制。组合形体数量在 3 个以上。

（3）视图的表达方法。掌握全剖视图(或半剖视图)的表达方法与标注。

（4）标准件、常用件。主要考核齿轮的基本概念、主要参数的计算和规定画法。

（5）零件图草图的知识。掌握目测零件的尺寸、徒手绘图(直线、圆)的技巧、测量工具的使用及草图实用的场合等知识。

（6）读装配图。能读懂包含 1～5 个零件的装配图,要求掌握:①拆画零件的零件图方法;②装配图的拆卸顺序;③装配图的尺寸标注;④极限与配合的标注和含义。

（7）轴测图的绘制。能根据二维图形(一个方向带圆孔或圆弧)画正等轴测图。了解轴测剖视图的基本知识,主要包括各种零件的轴测图的画法及剖切方法、剖面线的画法。

（8）图档管理的基本知识。包括机械产品及其组成部分的定义(含产品、零件、部件通用件和标准件等),图样及零件图、装配图的定义。掌握图样编号的一般要求和分类编号方法等。

4）考题形式

考题的具体形式参见本项目任务 2 中的样题,主要包括以下方面内容。

（1）基本要求、齿轮、图档管理、草图、轴测剖视图等以填空为主。

（2）机械图以手工画图为主,投影图包括补图、补线,标注尺寸,画剖视图。

（3）读装配图:①读懂视图,拆画一个零件的零件图(注意主视图的选择);②针对图中的各项内容,完成部分填空题。

任务 2　制图员（机械）测试试卷样卷

试卷 1　国家职业技能鉴定统一考试中级制图员（机械类）测试样卷

上 机 试 卷

一、考试要求

1. 图纸幅面：A3。图框形式：横 A3。

2. 标题栏形式：国际 1，在标题栏的"设计"栏内填写考生姓名，在标题栏的右下角填写学校、准考证号。

3. 按 1∶1 绘制。

4. 尺寸标注按图中格式。尺寸参数高为 3.5 mm，箭头长度为 4 mm，尺寸界限延伸长度为 2 mm，其余参数使用系统缺省配置。

5. 图层、线型和线宽按如下设置：

层　名	线型名	线条样式	线　宽	用　　　途
粗实线	Continuous	粗实线	0.3 mm	可见轮廓线、可见过渡线
细实线	Continuous	细实线	默认	波浪线、剖面线等
尺寸线	Continuous	细实线	默认	尺寸线和尺寸界线
文字	Continuous	细实线	默认	文字
点画线	Center	点画线	默认	对称中心线、轴线
虚线	Dashed	虚线	默认	不可见轮廓线、不可见过渡线
双点画线	Phantom	双点画线	默认	假想线

6. 将表面粗糙度符号做成块，并定义块名为 ccd。

7. 存盘时先使图框充满屏幕，文件名采用考号＋姓名（例如"0001 张三"）。

二、考题

1. 绘制平面图形，并标注尺寸。（20 分）

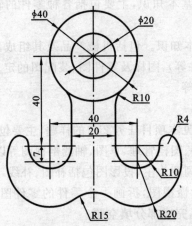

2. 抄画主、俯视图，补画左视图，不标注尺寸。圆柱直径 φ40。（30 分）

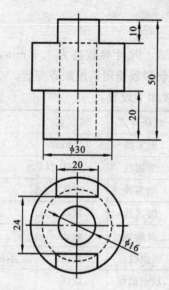

3. 抄画下列平面图形并标注尺寸。（40 分）

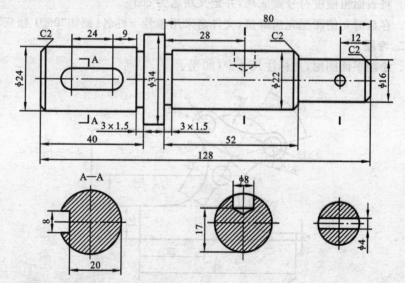

4. 绘图环境设置为 10 分。

试卷 2　国家职业技能鉴定统一考试高级制图员（机械类）测试样卷

上 机 试 卷

一、考试要求

1. 图纸幅面：A3。图框形式：横 A3。

2. 标题栏形式:国际1,在标题栏的"设计"栏内填写考生姓名,在标题栏的右下角填写学校、准考证号。

3. 按1:1绘制。

4. 尺寸标注按图中格式。尺寸参数高为 3.5 mm,箭头长度为 4 mm,尺寸界限延伸长度为 2 mm,其余参数使用系统缺省配置。

5. 图层、线型和线宽按如下设置:

层　　名	线型名	线条样式	线　宽	用　　途
粗实线	Continuous	粗实线	0.3 mm	可见轮廓线、可见过渡线
细实线	Continuous	细实线	默认	波浪线、剖面线等
尺寸线	Continuous	细实线	默认	尺寸线和尺寸界线
文字	Continuous	细实线	默认	文字
点画线	Center	点画线	默认	对称中心线、轴线
虚线	Dashed	虚线	默认	不可见轮廓线、不可见过渡线
双点画线	Phantom	双点画线	默认	假想线

6. 将表面粗糙度符号做成块,并定义块名为 ccd。

7. 存盘时先使图框充满屏幕,文件名采用考号＋姓名(例如"0001 张三")。

二、考题

1. 绘制平面图形,并标注尺寸。(20分)

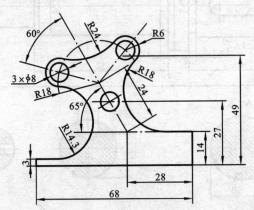

2. 按图中所注尺寸1:1抄画轴的零件图,标注尺寸和表面粗糙度。(30分)

3. 根据零件图按2:1绘制装配图。(40分)

4. 绘图环境设置为10分。

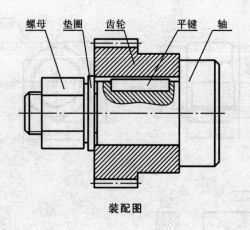

装配图

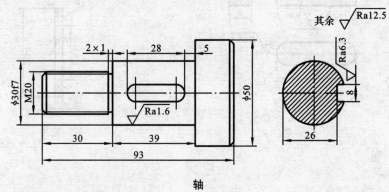

轴

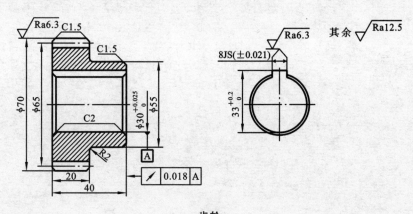

齿轮

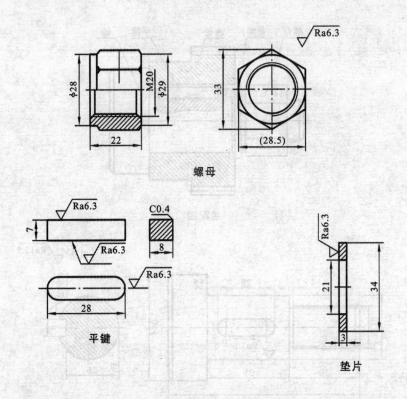

螺母

平键

垫片

参 考 文 献

[1] 张玉琴,张绍忠,张丽荣. AutoCAD 上机实验指导与实训[M]. 北京:机械工业出版社,2011.

[2] 王灵珠. AutoCAD 2008 机械制图实用教程[M]. 北京:机械工业出版社,2010.

[3] 李宏. AutoCAD 2009 机械绘图[M]. 北京:机械工业出版社,2010.

[4] 李银玉. AutoCAD 机械制图实例教程[M]. 北京:人民邮电出版社,2007.

[5] 许立太,郭庆梁. AutoCAD 计算机绘图教程[M]. 上海:同济大学出版社,2009.

[6] 刘小年,郭克希. 机械制图(机械类、近机类)[M]. 北京:机械工业出版社,2009.

[7] 刘小年,郭克希. 机械制图习题集(机械类、近机类)[M]. 北京:机械工业出版社,2009.

[8] 李景龙. 新编机械制图[M]. 西安:西北工业大学出版社,2010.